PRUEBA DE ACCESO A LA UNIVERSIDAD
PARA MAYORES DE 25 AÑOS

QUÍMICA

Fase Específica

Septiembre 2017

PRUEBA DE ACCESO A LA UNIVERSIDAD PARA MAYORES DE 25 AÑOS

QUÍMICA

Fase Específica

MAD
sie7e EDITORES

Autores

Equipo del Centro de Estudios Vector

Juan Antonio Jaramillo Sánchez

Segunda edición, septiembre 2017 (234 páginas)

IMPRESO EN ESPAÑA
Diseño Portada: 7 Editores
Edita: 7 Editores
Avda. San Francisco Javier, 9 · Edificio Sevilla 2 · Planta 11 · Módulos 25-27 · 41018 Sevilla
Teléfono: 954 784 411 · WEB: www.mad.es · e-mail: administracion@7editores.com
ISBN: 978-84-142-1007-9

PRESENTACIÓN

El acceso a los estudios universitarios es posible hoy, para cualquier persona, sin ningún tipo de estudios previos, en virtud de la Prueba de Acceso a la Universidad para Mayores de 25 años.

El presente volumen forma parte de la colección *Temario para la preparación de la Prueba de Acceso a la Universidad para Mayores de 25 años*, y es la respuesta que Editorial MAD ofrece a los nuevos programas para la preparación de dichas pruebas.

El conjunto de los libros que componen esta obra es fruto de la experiencia práctica del Equipo de profesores de Centro de Estudios Vector, merced a su trabajo durante más de 30 años con los aspirantes a la obtención del acceso a la Universidad.

La obra la componen tres libros para la preparación de la Primera Prueba o **Fase General**: Lengua castellana-Comentario de texto y Desarrollo de un tema de actualidad, Inglés y Francés. Junto a estos ofrecemos un conjunto de libros para la preparación de la Segunda Prueba o **Fase Específica**, los cuales varían en función del área correspondiente a la carrera universitaria que se quiera cursar.

Una de las características de nuestros libros, como se puede comprobar, es la gran cantidad de **ejercicios resueltos** que incluyen, además de ofrecer los instrumentos teóricos básicos para la comprensión y resolución de los mismos.

Editorial MAD y Centro de Estudios Vector continuamos, de este modo, como venimos haciendo en la última década, con la tarea de orientar y colaborar con los mayores de 25 años que deseen acceder a la Universidad.

Le animamos a comenzar la preparación cuanto antes y a planificar su estudio para llegar, con la máxima seguridad, a la próxima prueba de acceso.

Equipo de Centro de Estudios Vector

ÍNDICE

Tema 1

La transformación química

Introducción

La Química es la ciencia que estudia la estructura y propiedades de las sustancias, así como las transformaciones de unas sustancias en otras.

Los sistemas materiales pueden sufrir transformaciones (cambios) muy diversas que podemos clasificar en dos grupos: físicas y químicas.

En las «transformaciones físicas» las sustancias que componen el sistema material no experimentan cambios en su naturaleza, es decir, no se transforman en otras diferentes.

En las «transformaciones químicas» las sustancias que componen el sistema material sufren cambios en su naturaleza.

Se denomina **transformación química** o **reacción química** a todo proceso en que una o varias sustancias se transforman en otras diferentes. Las sustancias existentes antes de la transformación se denominan **reactivos** o **sustancias reaccionantes**, mientras que las sustancias obtenidas se llaman **productos de la reacción**.

Ejemplo: el carbonato de calcio se descompone al calentarlo, originando óxido de calcio y desprendiéndose dióxido de carbono; este fenómeno constituye una transformación química en la que el reactivo es el carbonato de calcio y los productos de la reacción son el óxido de calcio y el dióxido de carbono.

Las transformaciones químicas se representan mediante **ecuaciones químicas**. La ecuación química correspondiente a la reacción química del ejemplo anterior es:

$$CaCO_3 \longrightarrow CaO + CO_2$$

Toda transformación química consiste en la ruptura de enlaces en las moléculas de las sustancias reaccionantes, y la reorganización de los átomos que, al establecer nuevos enlaces entre ellos, originan moléculas diferentes (productos de la reacción); estas transformaciones materiales van acompañadas de cambios energéticos.

A finales del siglo XVIII y principios del XIX fueron descubriéndose, de forma experimental, las relaciones entre las masas o volúmenes de las sustancias que intervienen en una transformación química. Estas relaciones, enunciadas mediante leyes llamadas «leyes ponderales y volumétricas», tuvieron una importancia capital en el desarrollo de la Química como ciencia, pues con objeto de dar explicación a estas leyes, Dalton y Avogadro elaboraron, a principios del siglo XIX, la «teoría atómico-molecular de la materia».

Las consecuencias de la teoría atómico-molecular de Dalton y Avogadro fueron extraordinarias, pues permitió la determinación de masas atómicas y moleculares relativas de elementos y compuestos, la deducción de la constitución de la molécula de un compuesto a partir de datos proporcionados por análisis químico, y, sobre todo, la introducción del concepto de «mol» como unidad básica en la medida de los cambios materiales que se producen en las transformaciones químicas.

Las «disoluciones», a cuyo estudio dedicaremos la última parte de este tema, tienen una gran importancia en Química, ya que la mayoría de las sustancias (fundamentalmente sólidas y líquidas) intervienen en las transformaciones químicas formando parte de disoluciones.

1. Concepto de elemento y compuesto. Notación química: símbolos y fórmulas

1.1. Elementos y compuestos

Se denomina materia a todo aquello que ocupa un lugar en el espacio y tiene masa. **Sistema material** es una porción limitada de materia.

Los sistemas materiales se clasifican en (esquema 1.1): **sistemas heterogéneos** y **sistemas homogéneos**. Sistema heterogéneo es aquel en el que por observación directa se aprecian en él zonas perfectamente diferenciadas y con propiedades diferentes. Sistema homogéneo es aquel en el que por observación directa no se aprecian en él zonas con propiedades diferentes. Como ejemplos de sistemas heterogéneos podemos citar: un trozo de madera, un trozo de granito, etc.; mientras que una porción de agua de mar o un terrón de azúcar constituyen ejemplos de sistemas homogéneos.

Aquellos sistemas homogéneos que por medios puramente físicos (destilación, evaporación, fusión, cristalización, etc.) no pueden separarse en otros, se denominan **sustancias puras**; por el contrario, los sistemas homogéneos que pueden separarse mediante procedimientos físicos en dos o más sustancias puras con propiedades diferentes reciben el nombre de **disoluciones**. El azúcar constituye un ejemplo de sustancia pura, y el agua del mar de disolución.

Las sustancias puras que por procedimientos químicos no pueden separarse en otras se denominan **sustancias puras simples**, o **elementos químicos**, o, sencillamente, **elementos**. Las sustancias puras que por procedimientos químicos se separan en dos o más elementos diferentes, reciben el nombre de: **especies químicas**, o **combinaciones químicas**, o **sustancias simples compuestas**, o, simplemente, **compuestos**. El oxígeno, el hidrógeno, el hierro, el cobre, etc. son ejemplos de elementos; un ejemplo de compuesto es el agua destilada, pues por electrólisis puede descomponerse en hidrógeno y oxígeno.

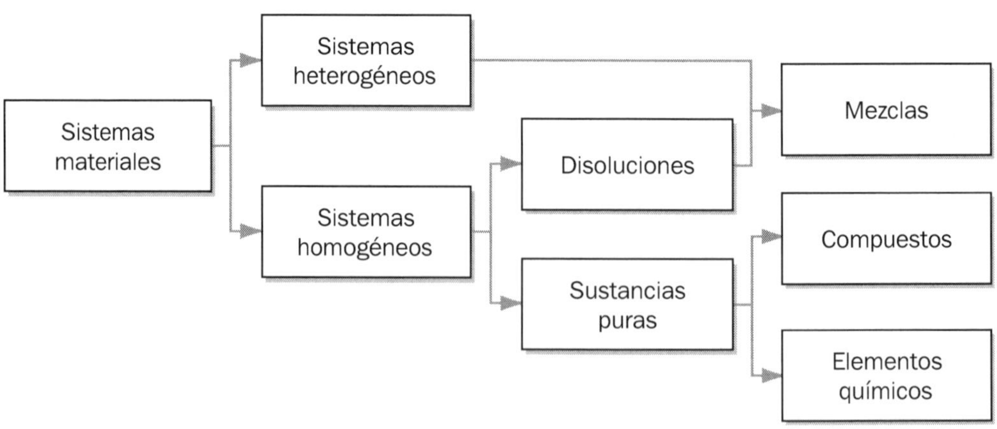

ESQUEMA 1.1. *Clasificación de los sistemas materiales.*

Actualmente se conocen unos 109 elementos diferentes de los cuales 90 se encuentran presentes en la Naturaleza, los demás se han obtenido artificialmente mediante transmutaciones atómicas. El número de compuestos que se conoce es extraordinariamente grande, unos se han obtenido artificialmente pero la gran mayoría se encuentran presentes en la Naturaleza, sobre todo en la materia viva, donde el número de compuestos y la complejidad de éstos es enormemente superior a los de la materia inerte.

Los sistemas heterogéneos y las disoluciones reciben la denominación común de **mezclas**. Las mezclas se caracterizan porque sus componentes se unen en cualquier proporción conservando sus propiedades, y pueden separarse por medios físicos. Por el contrario, en los compuestos los elementos que los constituyen se unen en proporciones fijas e invariables perdiendo sus propiedades, y no pueden separarse por procedimientos físicos.

Se define el **átomo** como la menor cantidad de un elemento que conserva las propiedades químicas de dicho elemento.

La **molécula** se define como la menor cantidad de una sustancia pura que aún conserva las propiedades químicas de dicha sustancia. Las moléculas de las sustancias simples están formadas por la unión de átomos de un mismo elemento, mientras que las moléculas de un compuesto están formadas por la unión de átomos de elementos diferentes.

1.2. Notación química: símbolos y fórmulas

La **notación química** tiene por objeto facilitar la escritura de elementos, de sustancias puras así como de las transformaciones químicas.

Los elementos químicos se expresan mediante **símbolos químicos**. Los nombres y símbolos de los elementos actualmente conocidos se recogen en la tabla periódica que incluimos en el tema 3 (esquema 3.1).

Las sustancias puras (sustancias simples y compuestas) se representan mediante **fórmulas**. Cada fórmula viene expresada por símbolos del, o de los elementos que constituyen la sustancia; estos símbolos llevan como subíndices números naturales (cuando éste es 1 se omite) que representan el número de átomos de cada elemento que forma la molécula (en el caso de que se formen verdaderas moléculas), o la relación numérica entre los átomos de los distintos elementos que forman el compuesto (en el caso de que no formen verdaderas moléculas).

Ejemplos:

- La fórmula del agua es H_2O, la molécula de agua está formada por dos átomos de hidrógeno y uno de oxígeno.
- La fórmula del cloruro de calcio es $CaCl_2$; en el cloruro de calcio por cada átomo de calcio hay dos átomos de cloro.

En el «Apéndice» que incluimos al final del libro se recogen las normas y reglas para nombrar y formular las sustancias simples y los compuestos más usuales que se manejan en Química Inorgánica.

2. Leyes ponderales y volumétricas. Teoría atómica de Dalton. Hipótesis de Avogadro

2.1. Leyes ponderales y volumétricas de las transformaciones químicas

Las leyes ponderales y volumétricas establecen las relaciones, observadas a través de la experimentación, entre las masas (leyes ponderales) o entre los volúmenes (leyes volumétricas) de los elementos que intervienen en la formación de un compuesto. Estas leyes constituyen la base experimental de la teoría de Dalton y de la hipótesis de Avogadro, que proponen un modelo de estructuración atómico–molecular de la materia.

2.1.1. Leyes ponderales

Establecen las relaciones entre las masas de los elementos en la formación de compuestos, y también con la masa de éstos. Las leyes ponderales son las siguientes:

■ **Ley de conservación de la masa**

Establecida por Lavoisier, también se conoce como **ley de Lavoisier**, considera que: «En toda transformación química la masa (cantidad de materia) total de las sustancias que intervienen en ella permanece constante».

O lo que es lo mismo: «La suma de las masas de los reactivos es igual a la suma de las masas de los productos de la reacción».

Ejemplo: si se combinan 3 g de carbono con 8 g de oxígeno, originando dióxido de carbono, de este compuesto se formarán 11 g (3 + 8 = 11).

■ **Ley de las proporciones definidas**

También llamada **ley de las cantidades constantes**, o **ley de Proust** (fue enunciada por Proust). Esta ley establece que:

«En la formación de un determinado compuesto intervienen siempre los mismos elementos y en la misma proporción en masa, independientemente del modo de preparación utilizado».

Por tanto, en un compuesto las masas de los elementos que lo forman guardan entre sí proporciones constantes, y también con la masa del compuesto.

En el ejemplo anterior, para formar dióxido de carbono son necesarios los elementos carbono y oxígeno, en la proporción constante de 3 g de carbono por cada 8 g de oxígeno, es decir:

- 3 g de C se combinan con 8 g de O.
- 6 g de C se combinan con 16 g de O (doble).
- 15 g de C se combinan con 40 g de O.
- 1,5 g de C se combinan con 4 g de O.

Las masas de carbono y oxígeno necesarias para formar dióxido de carbono en los cuatro casos anteriores guardan una proporción constante, ya que:

$$\frac{3 \text{ g de C}}{8 \text{ g de O}} = \frac{6 \text{ g de C}}{16 \text{ g de O}} = \frac{15 \text{ g de C}}{40 \text{ g de O}} = \frac{1{,}5 \text{ g de C}}{4 \text{ g de O}}$$

Esta ley se puede aplicar solamente a las combinaciones de dos o más elementos que originan siempre el mismo compuesto.

■ Ley de las proporciones múltiples

Enunciada por Dalton, también recibe los nombres de **ley de las relaciones sencillas** o **ley de Dalton**; establece que:

«Cuando dos elementos se combinan entre sí para formar varios compuestos diferentes, mientras sea constante la masa de uno de ellos, las masas que se combinan del otro elemento guardan entre sí una razón de números enteros sencillos». (Sencillos significa de una cifra).

Es decir, si una masa «m_A» de un elemento A se combina con una masa «m_B» de otro elemento B, para dar un compuesto; y por otro lado, una misma cantidad del elemento A, «m_A» se combina con una masa «m'_B» del elemento B, para dar un compuesto diferente al anterior, entonces, las masas «m_B» y «m'_B» guardan una proporción de números enteros sencillos.

Esquemáticamente:

$$1^{er} \text{ compuesto} \begin{cases} m_A \text{ del elemento A} \\ m_B \text{ del elemento B} \end{cases}$$

$$2^{o} \text{ compuesto} \begin{cases} m_A \text{ del elemento A} \\ m'_B \text{ del elemento B} \end{cases}$$

Entonces:

$$\frac{m_B}{m'_B} = \frac{n^o \text{ entero sencillo}}{n^o \text{ entero sencillo}}$$

Ejemplo: el carbono y el oxígeno al combinarse entre sí pueden formar dos compuestos diferentes: monóxido de carbono y dióxido de carbono. Para formar el primero se combinan 4,2 g de C con 5,6 g de O; y el segundo compuesto contiene 4,2 g de C por cada 11,2 g de O. Comprobemos que se cumple la ley de las proporciones múltiples:

$$\text{Monóxido de carbono} \begin{cases} 4{,}2 \text{ g de C} \\ 5{,}6 \text{ g de O} \end{cases}$$

$$\text{Dióxido de carbono} \begin{cases} 4{,}2 \text{ g de C} \\ 11{,}2 \text{ g de O} \end{cases}$$

Vemos que en ambos compuestos hay una cantidad fija de uno de los elementos, 4,2 g de C, por tanto, las masas del otro elemento, 5,6 g de O y 11,2 g de O, deben guardar una razón de números enteros sencillos:

$$\frac{5{,}6 \text{ g de O}}{11{,}2 \text{ g de O}} = \frac{1}{2}$$

(La razón 1/2 se ha obtenido al dividir tanto el numerador como el denominador entre 5,6).

Por consiguiente, las masas de oxígeno en uno y otro compuesto están en una proporción sencilla: 1 a 2 (1/2), verificándose la ley de las proporciones múltiples.

Esta ley se refiere a las combinaciones entre dos o más elementos, siempre los mismos, formándose en ellas compuestos diferentes, pero constituidas por los mismos elementos.

Ley de las proporciones equivalentes

Recibe también otras denominaciones como: **ley de las proporciones recíprocas, ley de los pesos de combinación, ley de los pesos equivalentes, ley de Richter**; esta última debido a que fue enunciada por Richter. Esta ley establece que:

«Las masas de elementos diferentes que se combinan con una masa constante de un tercer elemento, guardan la misma proporción que cuando se combinan entre sí los dos primeros elementos, o están en una relación sencilla».

Es decir, si tres elementos A, B y C se pueden combinar dos a dos formando compuestos, tales que:

$$\text{Compuesto entre C y A}\begin{cases} m_C \text{ de C} \\ m_A \text{ de A} \end{cases}$$

$$\text{Compuesto entre C y B}\begin{cases} m_C \text{ de C} \\ m_B \text{ de B} \end{cases}$$

$$\text{Compuesto entre A y B}\begin{cases} m_A \text{ de A} \\ m'_B \text{ de B} \end{cases}$$

Entonces:

$$m'_B = m_B \text{, o bien, } \frac{m_B}{m'_B} = \frac{\text{n}^{\text{o}} \text{ entero sencillo}}{\text{n}^{\text{o}} \text{ entero sencillo}}$$

Veamos a través de ejemplos estas dos posibilidades que presenta esta ley.

- **Ejemplo 1:** el hidrógeno se combina con el azufre para dar sulfuro de hidrógeno en la proporción de 1:16 (1 g de H por cada 16 g de S). Cuando se combinan el hidrógeno y el calcio originando hidruro de calcio, lo hacen en la proporción 1:20 (1 g de H por cada 20 g de Ca). Por último, en el sulfuro de calcio, las masas de azufre y calcio están en proporción 16:20 (16 g de S por cada 20 g de Ca). Es decir:

$$\text{Sulfuro de hidrógeno}\begin{cases} 1 \text{ g de H} \\ 16 \text{ g de S} \end{cases}$$

$$\text{Hidruro de calcio}\begin{cases} 1 \text{ g de H} \\ 20 \text{ g de Ca} \end{cases}$$

$$\text{Sulfuro de calcio}\begin{cases} 16 \text{ g de S} \\ 20 \text{ g de Ca} \end{cases}$$

Vemos que en este ejemplo las masas de azufre (16 g) y de calcio (20 g), que se combinan con una cantidad fija de hidrógeno (1 g) para formar sulfuro de hidrógeno e hidruro de calcio, respectivamente, guardan la misma proporción que cuando se combinan entre sí estos dos elementos para formar sulfuro de calcio.

- **Ejemplo 2:** el hidrógeno se combina con el carbono en la proporción 1:3 para formar metano, y con el oxígeno en la proporción 1:8 al formar agua. Cuando se combinan el carbono y el oxígeno para dar monóxido de carbono, lo hacen en la proporción 3:4. Es decir:

$$\text{Metano}\begin{cases} 1 \text{ g de H} \\ 3 \text{ g de C} \end{cases}$$

$$\text{Agua}\begin{cases} 1 \text{ g de H} \\ 8 \text{ g de O} \end{cases}$$

$$\text{Monóxido de carbono}\begin{cases} 3 \text{ g de C} \\ 4 \text{ g de O} \end{cases}$$

En este ejemplo las masas de carbono (3 g) y de oxígeno (8 g) que se combinan con una cantidad fija de hidrógeno (1 g) no guardan la misma proporción que al combinarse entre sí para formar monóxido de carbono, pero están en una relación de números sencillos, ya que:

$$\frac{8 \text{ g de O}}{4 \text{ g de O}} = \frac{2}{1}$$

Las leyes ponderales, que anteriormente hemos enunciado, presentan hoy día un gran número de excepciones, así:

- Algunos compuestos, frecuentemente ciertos óxidos y sulfuros de los metales de transición, no cumplen la ley de las proporciones definidas, es decir, no presentan una proporción constante entre las masas de los elementos que lo forman; por ejemplo, el sulfuro de cobre(I) en el cual, por cada gramo de azufre hay una masa de cobre que puede oscilar entre 3,38 g y 3,97 g. La causa de que estos compuestos, denominados **compuestos no estequiométricos**, no presenten una proporción constante entre las masas de los elementos que lo forman, se debe a que sus redes cristalinas pueden presentar huecos, faltando en ellos iones.
- Muchos compuestos orgánicos no verifican la ley de las proporciones múltiples, ni tampoco la ley de las proporciones equivalentes.

2.1.2. Leyes volumétricas

Establecen las relaciones entre los volúmenes de las sustancias que intervienen en una transformación química, en el caso de que estas sustancias sean elementos o compuestos en estado gaseoso y los volúmenes se midan bajo la misma presión y a la misma temperatura (pues, como sabemos, el volumen que ocupa una determinada cantidad de gas depende de la presión y de su temperatura).

Todas las leyes ponderales, excepto la de Lavoisier, se transforman en leyes volumétricas si en lugar de masas, nos referimos a volúmenes de elementos o compuestos gaseosos, medidos en las mismas condiciones de presión y temperatura.

Una ley volumétrica que no tiene su correspondiente ley ponderal es la **ley de los volúmenes de combinación**. Esta ley, enunciada por Gay-Lussac, establece que:

«Los volúmenes, medidos en las mismas condiciones de presión y temperatura, de los gases que se combinan entre sí, están en razón de números enteros sencillos, y también con los volúmenes de los gases que se forman».

Por tanto, la proporción entre los volúmenes de los gases que intervienen en una reacción química no sólo es constante, sino que, además, se puede expresar con números enteros sencillos.

Ejemplos:

– Cuando se combinan 2 litros de hidrógeno (gas) con 1 litro de oxígeno (gas), se forman 2 litros de vapor de agua. Las proporciones entre los volúmenes de estos gases son:

$$\frac{\text{V de hidrógeno}}{\text{V de oxígeno}} = \frac{2 \text{l}}{1 \text{l}} = \frac{2}{1}$$

$$\frac{\text{V de hidrógeno}}{\text{V de vapor de agua}} = \frac{2\,l}{2\,l} = \frac{1}{1}$$

$$\frac{\text{V de oxígeno}}{\text{V de vapor de agua}} = \frac{1\,l}{2\,l} = \frac{1}{2}$$

Son todas razones de números enteros sencillos.

- Se combinan 2,5 l de nitrógeno con 2,5 l de oxígeno, formándose 5 l de monóxido de nitrógeno (todos son gases). Las proporciones entre los volúmenes son:

$$\frac{\text{V de nitrógeno}}{\text{V de oxígeno}} = \frac{2{,}5\,l}{2{,}5\,l} = \frac{1}{1}$$

$$\frac{\text{V de nitrógeno}}{\text{V de monóxido de nitrógeno}} = \frac{2{,}5\,l}{5\,l} = \frac{1}{2}$$

$$\frac{\text{V de oxígeno}}{\text{V de monóxido de nitrógeno}} = \frac{2{,}5\,l}{5\,l} = \frac{1}{2}$$

- Se combinan 4 l de nitrógeno con 12 l de hidrógeno, formándose 8 l de amoniaco (todos son gases). Las proporciones entre los volúmenes son:

$$\frac{\text{V de nitrógeno}}{\text{V de hidrógeno}} = \frac{4\,l}{12\,l} = \frac{1}{3}$$

$$\frac{\text{V de hidrógeno}}{\text{V de amoniaco}} = \frac{4\,l}{8\,l} = \frac{1}{2}$$

$$\frac{\text{V de hidrógeno}}{\text{V de amoniaco}} = \frac{12\,l}{8\,l} = \frac{3}{2}$$

En los ejemplos anteriores también se puede observar que el volumen no se conserva, sin embargo, la masa se conserva siempre.

2.2. Teoría atómica de Dalton

Con el fin de explicar las leyes ponderales que acabamos de estudiar, Dalton, en 1807, elaboró una teoría de cómo podría estar constituida la materia. Esta teoría se basa en las siguientes hipótesis:

- La materia está formada por un número limitado de partículas fundamentales llamadas **átomos**.
- Todos los átomos de un mismo elemento son **idénticos**, **indivisibles** e **inalterables**; los átomos de un elemento son diferentes a los átomos de otros elementos.
- Los átomos se unen entre sí para formar combinaciones químicas (compuestos).
- En las transformaciones químicas son los átomos los que intervienen, considerándose aquellas como un proceso de reagrupación de átomos.

Estas hipótesis permitieron justificar las leyes ponderales de las transformaciones químicas que habían sido obtenidas experimentalmente. Así:

- La ley de conservación de la masa es consecuencia de que en las transformaciones químicas, los átomos de las sustancias que intervienen permanecen inalterables, únicamente se produce una reagrupación de los mismos.
- La ley de las proporciones definidas se debe a que en un compuesto determinado, la relación entre los átomos que los forman es fija, y, por tanto, también lo es la relación entre las masas de los elementos que los constituyen, ya que todos los átomos de un mismo elemento tienen igual masa.

- La ley de las proporciones múltiples se explica porque dos o más compuestos diferentes, formados por los mismos elementos, difieren únicamente en el número de átomos de los elementos que lo forman, y estos números han de ser enteros (pues los átomos son indivisibles).
- La ley de las proporciones equivalentes se justifica porque en todos los compuestos el número de átomos de cada elemento que los forman ha de ser un número entero, por lo que tiene que haber una equivalencia entre los múltiplos de las masas de los distintos átomos.

2.3. Hipótesis de Avogadro

La teoría de Dalton, como acabamos de decir, permitió justificar todas las leyes ponderales, sin embargo, no logra explicar la «ley de los volúmenes de combinación».

La interpretación de esta ley fue realizada por Avogadro en 1811, que introduce el concepto de **molécula** como unidad estructural de los compuestos, haciendo este concepto extensivo a elementos como el oxígeno, hidrógeno, cloro, nitrógeno y otros elementos gaseosos (considera que sus moléculas son diatómicas), y enuncia la ley conocida con el nombre de **hipótesis de Avogadro**:

«Volúmenes iguales de gases diferentes, medidos en las mismas condiciones de presión y temperatura, contienen el mismo número de moléculas».

Así, por ejemplo, si dos recipientes de la misma capacidad contienen: hidrógeno uno de ellos y amoniaco el otro, ambos a la misma presión y temperatura, el número de moléculas de hidrógeno que hay en un recipiente coincide con el de moléculas de amoniaco que hay en el otro.

3. Átomos y moléculas. Concepto de mol. Fórmulas empírica y molecular

Introducidos los conceptos de átomo y de molécula por Dalton y Avogadro, respectivamente, el análisis comparativo de las proporciones (en masa o en volumen) en las que se combinan los elementos para formar compuestos, condujo a la deducción de las fórmulas de los diferentes compuestos, es decir, la composición de sus moléculas, y permitió el cálculo de las masas atómicas y moleculares de elementos y compuestos.

3.1. Masa atómica relativa. Unidad de masa atómica

Conociendo la relación entre las masas de los elementos que se combinan para formar un compuesto, y la fórmula de éste, es posible obtener la relación entre las masas de los átomos de dichos elementos. Así, por ejemplo:

- La proporción en la que se combinan el hidrógeno y el cloro al formar cloruro de hidrógeno, HCl, es 1 g de hidrógeno por cada 35,45 g de cloro. La fórmula del cloruro de hidrógeno, HCl, nos indica que su molécula está constituida por un átomo de hidrógeno y otro de cloro. Por consiguiente, las cantidades de estos elementos que se combinan entre sí al formar el compuesto han de contener el mismo número de átomos, es decir, el número de átomos de hidrógeno contenidos en 1 g del mismo es igual al número de átomos de cloro contenidos en 35,45 g de este elemento. Si denominamos N a este número:

1 g de H = N · masa de un átomo de H

35,45 g de Cl = N · masa de un átomo de Cl

Dividiendo la segunda expresión entre la primera:

$$\frac{35{,}45\,\text{g de Cl}}{1\,\text{g de H}} = \frac{\not{N} \cdot \text{masa de un átomo de Cl}}{\not{N} \cdot \text{masa de un átomo de H}}$$

Luego:

$$\frac{\text{masa de un átomo de Cl}}{\text{masa de un átomo de H}} = 35{,}45$$

Es decir, la masa de un átomo de cloro es 35,45 veces mayor que la de un átomo de hidrógeno.

Se denomina **masa atómica relativa** de un elemento a la relación entre la masa de un átomo de ese elemento y una masa arbitraria tomada como unidad (**unidad de masas atómicas**). Si tomásemos como unidad la masa de un átomo de hidrógeno, la relación obtenida en el ejemplo anterior correspondería a la masa atómica relativa del cloro, es decir, la masa atómica relativa del cloro sería 35,45. Esta fue la unidad de masas atómicas que se adoptó en un principio, pues el hidrógeno era el elemento más liviano.

Como las combinaciones de los elementos con el hidrógeno son mucho menos frecuentes que con el oxígeno, rápidamente se planteó la conveniencia de adoptar una unidad relacionada con la masa del átomo de oxígeno, tomándose entonces como unidad de masas atómicas la dieciseisava parte de la masa del átomo de oxígeno, es decir, se asignó a este elemento una masa atómica relativa igual a 16.

Posteriormente se descubrió que el oxígeno, al igual que la mayoría de los elementos químicos presentes en la Naturaleza, está constituido por varias clases de átomos (en contra de lo supuesto por Dalton) con iguales propiedades químicas, pero con masas diferentes (las diferentes clases de átomos que presenta un elemento, se dice que son «isótopos» del mismo). Por ello, y con objeto de que la unidad de masas atómicas estuviese perfectamente definida, en 1962 se tomó como unidad de masas atómicas la doceava parte de la masa del isótopo más abundante de carbono, el isótopo «carbono 12» (^{12}C). Por lo que las definiciones actuales de unidad de masa atómica y masa atómica relativa son:

- **Unidad de masa atómica** (abreviadamente uma) «es la doceava parte de la masa de un átomo del isótopo ^{12}C».
- **Masa atómica relativa** de un elemento «es el número de veces que la masa de un átomo del elemento contiene a la unidad de masa atómica».

Debido a que la mayoría de los elementos están constituidos por una mezcla de isótopos, la masa atómica es en realidad, la media ponderada de las masas atómicas relativas de los isótopos que los constituyen, es decir, la media aritmética calculada al considerar la frecuencia relativa con la que se presenta cada isótopo en la Naturaleza.

En la Tabla Periódica que incluimos en el tema 3 (esquema 3.1) figuran las masas atómicas relativas de todos los elementos actualmente conocidos.

3.2. Masa molecular relativa

La **masa molecular relativa** de una sustancia se define como «el número de veces que la masa de una molécula de la misma contiene a la unidad de masa atómica».

Lógicamente, la masa molecular de una sustancia es igual a la suma de las masas atómicas de cada uno de los átomos que constituyen la molécula de la misma.

Ejemplo: Vamos a determinar la masa molecular del ácido sulfúrico utilizando como datos las masas atómicas de los elementos que lo constituyen: hidrógeno, azufre y oxígeno; éstas son 1, 32 y 16, respectivamente.

Como la fórmula del ácido sulfúrico es H_2SO_4, su molécula está formada por dos átomos de hidrógeno, uno de azufre y cuatro de oxígeno. Por tanto, la masa molecular será:

$$2 \cdot 1 + 1 \cdot 32 + 4 \cdot 16 = 98$$

La masa molecular del ácido sulfúrico es 98.

NOTA: Aunque los términos «masa» y «peso» expresan conceptos diferentes, con bastante frecuencia se utiliza incorrectamente la palabra peso en lugar de masa (peso atómico, peso molecular).

3.3. Concepto de mol. Número de Avogadro

El concepto de mol se introdujo como un medio práctico y sencillo para manejar, en los cálculos, el gran número de partículas (átomos y moléculas) que intervienen en una reacción química. Tiene su base en la afirmación de que «si cantidades de dos sustancias tienen el mismo número de átomos, o de moléculas, sus masas están en la misma proporción que sus respectivas masas atómicas o moleculares».

Esta afirmación es fácil de demostrar: si llamamos A y B a las dos sustancias, las masas m_A y m_B, de las cantidades de una y otra, que contengan un mismo número, N, de partículas (por ejemplo, átomos), serán:

$$m_A = N \cdot \text{masa de un átomo de A}$$

$$m_B = N \cdot \text{masa de un átomo de B}$$

La razón entre estas masas es:

$$\frac{m_A}{m_B} = \frac{\cancel{N} \cdot \text{masa de un átomo de A}}{\cancel{N} \cdot \text{masa de un átomo de B}}$$

Dividiendo el numerador y el denominador entre la unidad de masa atómica (uma)

$$\frac{m_A}{m_B} = \frac{\dfrac{\text{masa de un átomo de A}}{\text{uma}}}{\dfrac{\text{masa de un átomo de B}}{\text{uma}}} =$$

$$= \frac{\text{masa atómica relativa de A}}{\text{masa atómica relativa de B}}$$

La afirmación anterior permite relacionar el número de partículas (átomos o moléculas) contenidas en una cantidad de sustancia con su masa. De este modo Ostwald, al inicio del siglo XX, introdujo el **mol** como **unidad del número de partículas** y lo definió como «el número de partículas (átomos o moléculas) contenidas en una cantidad de cualquier sustancia igual a su masa atómica o molecular expresada en gramos». Este número, entonces desconocido y denominado **número de Avogadro** (N_A), es fijo para todas las sustancias y se corresponde con masas distintas de las mismas.

Ejemplo: las masas moleculares del oxígeno (O_2) y del agua (H_2O) son 32 y 18, respectivamente. El número de moléculas de oxígeno contenidas en un mol de esta sustancia es el mismo que el de moléculas de agua contenidas en un mol de la misma, pero sus masas son diferentes (la masa de un mol de oxígeno es 32 g y la de un mol de agua 18 g).

Como la escala actual de masas atómicas se basa en el isótopo ^{12}C, el número de Avogadro y el mol se definen hoy día de la siguiente manera:

- **Número de Avogadro**: «es el número de átomos contenidos exactamente en 12 gramos de isótopo ^{12}C».
- **Mol**: «es la cantidad de una sustancia de una composición determinada que contiene el mismo número de partículas que átomos hay en 12 gramos de isótopo ^{12}C puro».

La medida del número de Avogadro (N_A) ha sido realizada empleando distintas técnicas, el último resultado obtenido es $N_A = 6{,}022\ 52 \cdot 10^{23}$ partículas por mol. En la práctica este número se redondea a $6{,}023 \cdot 10^{23}$.

El número de Avogadro permite establecer la relación entre la unidad de masa atómica (uma) y el gramo, y con ello poder calcular las «masas atómicas absolutas».

Así, un mol, es decir, N_A átomos de ^{12}C tienen de masa 12 g.

$$12\ g = N_A \cdot \text{masa de un átomo de } ^{12}C \Rightarrow$$
$$\Rightarrow \text{masa de un átomo de } ^{12}C = \frac{12}{N_A} g$$

Como la uma se define como la doceava parte de la masa de un átomo de ^{12}C:

$$1\ \text{uma} = \frac{1}{12} \cdot \text{masa de un átomo de } ^{12}C =$$
$$= \frac{1}{12} \cdot \frac{12}{N_A} g = \frac{1}{N_A} g = \frac{1}{6{,}023 \cdot 10^{23}} g =$$
$$= 1{,}66 \cdot 10^{-24} g$$

$$\boxed{1\ \text{uma} = 1{,}66 \cdot 10^{-24}\ g}$$

Igualmente:

$$1\ \text{uma} = \frac{1}{N_A} g \Rightarrow 1\ g = N_A \text{uma}$$

$$\boxed{1\ g = 6{,}023 \cdot 10^{23}\ \text{uma}}$$

La hipótesis de Avogadro establece, como sabemos, que volúmenes iguales de gases diferentes, medidos a la misma presión y temperatura, contienen el mismo número de moléculas. De la misma manera, un mol de un gas, cualquiera que sea éste, ocupará un volumen fijo a una presión y temperatura determinadas.

El volumen que ocupa un mol de un gas se denomina **volumen molar** y, como se ha dicho antes, no depende de la naturaleza del gas, solamente depende de la presión y la temperatura. Así, un mol de cualquier gas medido en CN (CN significa condiciones normales, es decir, a la presión de una atmósfera y a 0 °C de temperatura) ocupa un volumen de 22,4 litros.

En condiciones distintas a las normales, el volumen molar se determina a partir de la ecuación general de los gases:

$$\boxed{P \cdot V = n \cdot R \cdot T}$$

Esta expresión se obtiene de la ecuación de estado de los gases ideales:

$$\frac{P \cdot V}{T} = \text{constante}$$

En la que se ha sustituido la constante de proporcionalidad por el producto n · R, donde n es el número de moles del gas (cantidad de gas) y R es otra constante llamada «constante universal de los gases».

El valor de R es $0{,}082 \frac{atm \cdot l}{K \cdot mol}$

De sus unidades se desprende que al utilizar la ecuación general de los gases hay que expresar la presión en atmósferas (1atm= 760mm de Hg), el volumen en litros (1l= 1 000 cm^3) y la temperatura en kelvin (T= 273 + temperatura en °C).

Como resumen de todo lo anterior, podemos decir que el mol representa tanto un número como una cantidad de materia, expresada ésta mediante una masa y, en el caso de gases, también mediante un volumen. Las equivalencias que se desprenden del concepto de mol se recogen en el esquema 1.2.

Cuando el mol se refiere a moléculas, se nombra simplemente como «mol», omitiéndose las palabras «de moléculas».

Ejemplos:

- Un mol de átomos de oxígeno contiene 6,023 · 10^{23} átomos de este elemento y, la masa que corresponde a este número de átomos es 16 g (pues la masa atómica del oxígeno es 16 uma).
- Un mol de oxígeno (nos referimos a moléculas) contiene 6,023 · 10^{23} moléculas de oxígeno, a las que corresponde una masa de 32 g (la masa molecular del oxígeno, O_2, es 32 uma) y, como es un gas, ocupa un volumen de 22,4 l medidos en condiciones normales. Como la molécula de oxígeno está formada por dos átomos de este elemento, un mol de oxígeno contiene dos moles de átomos de este elemento.
- Un mol de agua contiene 6,023 · 10^{23} moléculas de este compuesto, a las que corresponde una masa de 18 g (masa molecular del agua es 18 uma).

Las masas moleculares (y también las masas atómicas) se expresan en «uma», sin embargo, debido a su relación con el mol, con mucha frecuencia se suele expresar en gramos/mol. Así, por ejemplo, al decir que la masa molecular del agua es 18 g/mol estamos expresando que 18 g de agua corresponden a un mol.

Al final de este tema, en el apartado «Problemas resueltos», se abordarán diversas situaciones de cálculo que se resuelven mediante la aplicación del concepto de mol.

NOTA: Los términos **átomo-gramo** y **molécula-gramo**, que hoy día prácticamente están en desuso, son equivalentes a **mol de átomos** y **mol de moléculas**, respectivamente.

	Nº DE PARTÍCULAS	MASA	VOLUMEN EN CN
1 mol de átomos	6,023 · 10^{23} átomos	Masa atómica en gramos	
1 mol de moléculas	6,023 · 10^{23} moléculas	Masa molecular en gramos	22,4 l

ESQUEMA 1.2. *Relaciones que se desprenden del concepto de mol.*

3.4. Fórmulas empírica y molecular

La **fórmula** de una sustancia es la expresión cuantitativa del número y tipos de átomos de los elementos que la constituyen; se denomina **fórmula empírica** cuando se indica únicamente la proporción entre el número de átomos que forman la sustancia, y **fórmula molecular** cuando se indica la verdadera composición de la molécula.

Ejemplos:

- La fórmula molecular del eteno es C_2H_4, su molécula está constituida por dos átomos de carbono y cuatro átomos de hidrógeno; la fórmula empírica del eteno es CH_2; en esta sustancia, por cada átomo de carbono hay dos átomos de hidrógeno.
- La fórmula molecular del propeno es C_3H_6; su molécula está formada por tres átomos de carbono y seis de hidrógeno; su fórmula empírica es CH_2, un átomo de carbono por cada dos átomos de hidrógeno.
- La fórmula molecular del agua es H_2O, su molécula está constituida por dos átomos de hidrógeno y uno de oxígeno; su fórmula empírica es H_2O, dos átomos de hidrógeno por cada átomo de oxígeno.

Los compuestos iónicos y metálicos no forman verdaderas moléculas, sino un retículo cristalino; por ello estos compuestos se representan mediante las fórmulas empíricas; sólo los compuestos covalentes forman moléculas verdaderas y se representan mediante fórmulas moleculares.

4. Disoluciones: formas de expresar la concentración

4.1. Disoluciones: conceptos elementales

Una **disolución**, como sabemos, es una mezcla homogénea de dos o más sustancias puras y cuya composición puede variarse. Las disoluciones también se suelen denominar con el término **soluciones**.

Las disoluciones pueden presentarse en los tres estados físicos de la materia: sólido, líquido, gaseoso.

En una disolución, se denomina **fase dispersante** o **disolvente** al componente que mantiene su estado en la disolución, es decir, cuando se encuentra puro presenta el mismo estado físico que la disolución; la **fase dispersa** o **soluto** es el componente que no mantiene su estado en la disolución, es decir, cuando se encuentra puro presenta un estado físico diferente al de la disolución. En el caso de que ambos componentes mantengan su estado físico, el disolvente es el componente que entra en mayor proporción. Una disolución puede contener varios solutos.

Ejemplos:

- La disolución obtenida al mezclar sal común (sólido) y agua (líquido) es liquida, el soluto es la sal común y el disolvente es el agua.
- En la disolución líquida que se obtiene al mezclar alcohol etílico con benceno, ambos líquidos, el disolvente es el com-

ponente que entra en mayor proporción, es decir, aquel que contribuye con una cantidad mayor a la disolución.

Se denomina **disolución verdadera** o **molecular** a toda disolución en la que el tamaño de las partículas de la fase dispersa es inferior a 10^{-9} metros. Los ejemplos anteriores corresponden a disoluciones de este tipo.

En los laboratorios químicos, la mayoría de las sustancias están disueltas, es decir, formando parte de disoluciones. Estas son siempre disoluciones líquidas en las que uno o varios solutos (sólidos, líquidos o gaseosos) se encuentran disueltos en un disolvente líquido, que generalmente es el agua («disoluciones acuosas»). En lo sucesivo sólo nos referiremos a disoluciones líquidas y verdaderas.

Existen sustancias que se disuelven muy fácilmente en un determinado disolvente, en cambio otras se disuelven muy poco en el mismo disolvente. Así, por ejemplo, la sal común o el azúcar se disuelven con facilidad en el agua, mientras que el aceite no se disuelve en el agua.

Esta capacidad que tienen las sustancias para disolverse en menor o mayor grado en un disolvente viene determinada por una propiedad denominada solubilidad, y depende de la naturaleza tanto de la propia sustancia como del disolvente.

La **solubilidad** de una sustancia en un disolvente determinado se define como la máxima cantidad de esa sustancia que puede disolverse en una determinada cantidad del disolvente. Generalmente se expresa mediante el llamado **coeficiente de solubilidad**, en el que la cantidad de soluto se da en gramos y está referida a 100 gramos de disolvente. Así, por ejemplo, el coeficiente de solubilidad del cloruro sódico (sal común) en agua es 28 g de NaCl/100 g de H_2O, lo cual significa que en 100 g de agua se puede disolver como máximo 28 g de cloruro sódico.

La solubilidad es una propiedad característica de las sustancias, ya que cada sustancia presenta una solubilidad determinada ante un disolvente. De manera que hay sustancias muy solubles en un disolvente, mientras que otras son insolubles en ese mismo disolvente, y entre estos dos casos límite hay toda una gama. Igualmente una sustancia concreta puede ser muy soluble en un disolvente e insoluble en otro; por ejemplo, las grasas son muy solubles en alcohol e insolubles en agua.

La solubilidad de los solutos sólidos y líquidos, generalmente aumenta con la temperatura, aunque existen excepciones en las que la solubilidad disminuye a medida que la temperatura aumenta. Las variaciones de solubilidad de una sustancia se suelen representar gráficamente mediante diagramas cartesianos, en los que se representan mediante puntos los valores del coeficiente de solubilidad a distintas temperaturas; la gráfica que se obtiene se denomina **curva de solubilidad**. En la figura 1.1 se muestran las curvas de solubilidad de algunas sales.

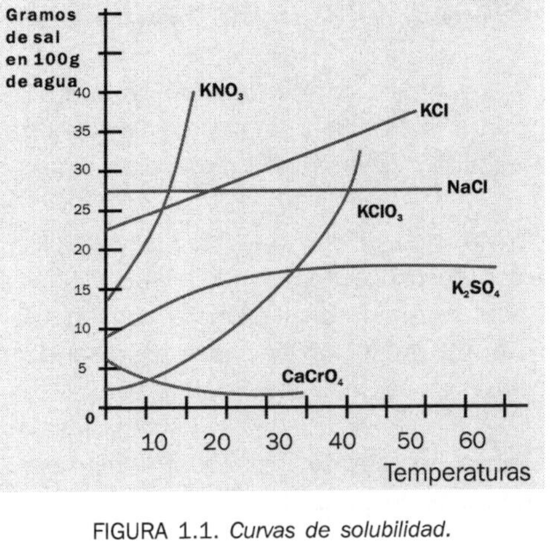

FIGURA 1.1. *Curvas de solubilidad.*

La solubilidad de los solutos gaseosos aumenta con la presión y disminuye al aumentar la temperatura.

Disoluciones **saturadas** son aquellas que no admiten más soluto, la proporción en la que entran sus componentes coincide con la solubilidad.

Disoluciones **sobresaturadas** son aquellas en las que la proporción de soluto disuelto es mayor que la que le corresponde por la solubilidad. Estas disoluciones son inestables y cualquier alteración hace que precipite (se deposite) el exceso de soluto que tiene la disolución. Una disolución sobresaturada se puede obtener preparando una disolución saturada y luego enfriarla lentamente (en el caso de que la solubilidad del soluto disminuya con la temperatura), manteniendo la disolución en reposo.

Una disolución se llama **diluida** cuando la proporción de soluto es pequeña, y **concentrada** cuando esta proporción es grande.

4.2. Concentración de una disolución: formas de expresarla

Se denomina **concentración** de una disolución a la cantidad de soluto que hay en una cantidad determinada de la disolución.

En función de las magnitudes y unidades que se utilicen para medir las cantidades de soluto y de disolución, la concentración de una disolución se puede expresar de diversas formas, las más usuales son:

- **Tanto por ciento** (%): Es el porcentaje de masa de soluto contenida en la disolución; es decir, la masa de soluto, expresada en gramos, contenida en 100 gramos de la disolución.

  Así por ejemplo, una disolución de cloruro sódico al 15%, contiene 15 g de cloruro sódico por cada 100 g de disolución.

  El tanto por ciento se puede obtener mediante la siguiente fórmula:

$$\% = \frac{\text{n}^{\text{o}}\ \text{de gramos de soluto}}{\text{n}^{\text{o}}\ \text{de gramos de disolución}} \cdot 100$$

  Este tipo de porcentaje, en el que las cantidades de soluto y de disolución están referidas a las masas, es un «tanto por ciento en masa» o «un porcentaje de masa» y se utiliza en las disoluciones de sólidos en líquidos.

  En las disoluciones de líquidos en líquidos, estas cantidades se refieren a los volúmenes, «tanto por ciento en volumen» o «porcentaje de volumen».

  Ejemplo: Una disolución de alcohol en agua al 12% en volumen, contiene 12 cm^3 de alcohol por cada 100 cm^3 de disolución. El término «grado de alcohol» que se utiliza para indicar la concentración de alcohol en los vinos, licores y otras disoluciones, equivale al porcentaje en volumen. Así, la disolución del ejemplo anterior contiene 12 grados (12°) de alcohol (también se dice que contiene 12 volúmenes de alcohol).

- **Gramos por litro** (g/l). Es la cantidad de soluto, medida en gramos, por litro de disolución, es decir, los gramos de soluto contenidos en un litro de disolución.

$$g/l = \frac{\text{n}^{\text{o}}\ \text{de gramos de soluto}}{\text{n}^{\text{o}}\ \text{de litros de disolución}}$$

Ejemplo: Si la concentración de una disolución acuosa de glucosa es 25 g/l, un litro de esta disolución contiene 25 g de glucosa.

- **Molaridad** (M). Es la cantidad de soluto, medida en moles, por litro de disolución, es decir, el número de moles de soluto contenido en un litro de disolución.

$$M = \frac{\text{nº de moles de soluto}}{\text{nº de litros de disolución}}$$

Ejemplo: si una disolución de ácido sulfúrico en agua es 3 M (3 molar es lo mismo que decir que la molaridad es 3), un litro de esta disolución contiene 3 moles de ácido sulfúrico.

La molaridad es una forma de expresar la concentración de una disolución, de gran utilidad práctica, pues está referida a los moles del soluto, y el mol, como sabemos, es la unidad básica de medida en las transformaciones químicas.

- **Molalidad** (m). Es la cantidad de soluto, medida en moles, por cada kilogramo de disolvente. Esta forma de expresar la concentración relaciona la cantidad de soluto con la del disolvente, no con la de la disolución.

$$m = \frac{\text{nº moles de soluto}}{\text{nº de kilogramos de disolvente}}$$

Ejemplo: si una disolución de hidróxido sódico en agua es 0,2 molal, por cada kilogramo de agua (disolvente) hay 0,2 moles de hidróxido sódico (soluto).

- **Fracción molar** (x). La fracción molar de un componente de una disolución es la relación (cociente) entre el número de moles de dicho componente y la suma de moles de todos los componentes.

Las fracciones molares del soluto (x_s) y del disolvente (x_d) se obtienen a partir de las siguientes expresiones:

$$x_s = \frac{\text{nº mol de soluto}}{\text{nº de mol de soluto + nº de mol de disolvente}}$$

$$x_d = \frac{\text{nº mol de disolvente}}{\text{nº de mol de soluto + nº de mol de disolvente}}$$

Se observa que: $x_s + x_d = 1$

Ejemplo: si la fracción molar del amoniaco en una disolución acuosa es 0,2, esta disolución contiene 0,2 moles de amoniaco (soluto) por cada 0,8 moles (1 – 0,2 = 0,8) de agua (disolvente).

Esta forma de expresar la concentración es usual en disoluciones y mezclas de más de dos componentes. Evidentemente, la suma de las fracciones molares de todos los componentes de la disolución (o de la mezcla) es uno.

- **Normalidad** (N). Es la cantidad de soluto, medida en equivalentes gramos por litro de disolución, es decir, el número de equivalentes gramos de soluto contenido en un litro de disolución.

$$N = \frac{\text{nº de equivalentes gramos de soluto}}{\text{nº de litros de disolución}}$$

Ejemplo: si una disolución acuosa de ácido sulfúrico es 0,1 N, un litro de esta disolución contiene 0,1 equivalentes gramos de ácido sulfúrico.

NOTA: Para cada reacción química, el **equivalente químico** de una sustancia es «la masa, medida en uma, que se combina, sustituye o se relaciona directa o indirectamente con un átomo de hidrógeno». Igualmente, se define el **equivalente gramo**, pero la masa de la sustancia se mide en gramos y está referida a un mol de átomos de hidrógeno; por lo tanto, el valor numérico del equivalente gramo de una sustancia coincide con el del equivalente químico, no ocurre así con la unidad en que se expresa (el primero en gramos y el segundo en uma).

El equivalente químico de una sustancia depende del tipo de reacción:

a) En las reacciones ácido-base, es decir reacciones entre ácidos, bases y sales, el equivalente químico es igual al cociente entre la masa molecular del compuesto y el número de cargas positivas o negativas que resulte de la disociación iónica del compuesto.

Ejemplos:

$$H_2SO_4 \rightleftarrows SO_4^{2-} + 2H^+$$

$$Al(OH)_3 \rightleftarrows Al^{3+} + 3OH^-$$

$$Fe_2(SO_4)_3 \rightleftarrows 3SO_4^{2-} + 2Fe^{3+}$$

El equivalente químico del H_2SO_4, del $Al(OH)_3$ y del $Fe_2(SO_4)_3$ se calcula dividiendo su masa molecular entre 2 (caso del H_2SO_4), entre 3 (caso del $Al(OH)_3$) y 6 (caso del $Fe_2(SO_4)_3$).

b) En las reacciones de oxidación-reducción el equivalente químico se calcula dividiendo la masa molecular de la sustancia entre el número de electrones que intercambia.

El concepto de equivalente gramo es de gran utilidad para realizar cálculos de masas de sustancias que intervienen en una reacción, ya que toda reacción química se lleva a cabo «equivalente a equivalente», es decir «las masas de las sustancias que intervienen en una reacción guardan entre sí la misma proporción que sus equivalentes-gramo (pesos equivalentes)».

En una disolución la normalidad y la molaridad guardan la siguiente relación: la normalidad es igual al producto de la molaridad por el número de cargas positivas (o negativas) que resulte de la disociación iónica (caso de reacciones ácido-base), o por el número de electrones intercambiados (caso de reacciones de oxidación-reducción).

$$N = M \cdot n^o \text{ de cargas (o } n^o \text{ de electrones)}$$

PROBLEMAS RESUELTOS

1. **Al combinar entre sí calcio y oxígeno, para formar óxido de calcio, se observó en una experiencia que 35,5 g de Ca se combinaban con 14,2 g de O; y en otra experiencia que 155,5 g de Ca se combinaban con 62,2 g de O.**

   a) **Comprobar si los datos obtenidos en las experiencias están conformes a la ley de las proporciones definidas (ley de Proust).**

   b) **¿Cuántos gramos de calcio se combinarán con 3,4 g de O?**

   c) **¿Qué masa de óxido de calcio se formará con 42,5 g de Ca?**

   d) **¿Qué masa de calcio y oxígeno hay en 39,9 g de óxido de calcio?**

   e) **Determinar la composición centesimal del óxido de calcio.**

Solución:

a) En la primera experiencia la proporción entre las masas de calcio y oxígeno que se combinan entre sí es:

$$\frac{35{,}5 \text{ g de Ca}}{14{,}2 \text{ g de O}} = 2{,}5$$

En la segunda experiencia, la proporción es:

$$\frac{155{,}5 \text{ g de Ca}}{62{,}2 \text{ g de O}} = 2{,}5$$

En ambas experiencias las masas de calcio y oxígeno guardan la misma proporción (2,5 g de Ca por cada gramo de O), conforme con lo que establece la ley de Proust.

b) La masa de calcio que se combina con 3,4 g de O, guardará con ésta la misma proporción que en cualquiera de las dos experiencias del enunciado. Si tomamos los datos de la primera experiencia: 35,5 g de Ca se combinan con 14,2 g de O.

Esta relación la podemos utilizar como factor de conversión $\left(\frac{35{,}5 \text{ g de Ca}}{14{,}2 \text{ g de O}}\right)$.

Multiplicando 3,4 g de O por este factor:

$$3{,}4 \cancel{\text{ g de O}} \cdot \frac{35{,}5 \text{ g de Ca}}{14{,}2 \cancel{\text{ g de O}}} = \frac{3{,}4 \cdot 35{,}5}{14{,}2} \text{ g de Ca} = 8{,}5 \text{ g de Ca}$$

Por tanto, 8,5 g de Ca se combinan con 3,4 g de O.

Igual resultado se obtiene si se expresa la proporción de la siguiente forma:

$$\frac{35{,}5 \text{ g de Ca}}{14{,}2 \text{ g de O}} = \frac{x \text{ g de Ca}}{3{,}4 \text{ g de O}} \Rightarrow x = 8{,}5 \text{ g de Ca}$$

c) La proporción entre las masas de calcio y de óxido de calcio se obtiene aplicando la ley de conservación de la masa (ley de Lavoisier) en cualquiera de las dos experiencias. Así, si tomamos los datos de la primera experiencia: 35,5 g de Ca se combinan con 14,2 g de O, por lo que se formarán 35,5+14,2=49,7 g de CaO. Por tanto, con 35,5 g de Ca se forman 49,7 g de CaO.

Para calcular la masa de óxido de calcio que se formará con 42,5 g de Ca, multiplicamos esta cantidad por el factor $\frac{49{,}7 \text{ g de CaO}}{35{,}5 \text{ g de Ca}}$:

$$42{,}5 \cancel{\text{ g de Ca}} \cdot \frac{49{,}7\text{g de CaO}}{35{,}5 \cancel{\text{ g de Ca}}} = 59{,}5 \text{ g de CaO}$$

Luego, con 42,5 g de Ca se formarán 59,5 g de CaO.

d) Como sabemos por la primera experiencia:
49,7 g de CaO contienen 35,5 g de Ca y 14,2 g de O.
Por tanto:

$$39{,}9 \cancel{\text{ g de CaO}} \cdot \frac{35{,}5 \text{ g de Ca}}{49{,}7 \cancel{\text{ g de CaO}}} = 28{,}5 \text{ g de Ca}$$

$$39{,}9 \cancel{\text{ g de CaO}} \cdot \frac{14{,}2 \text{ g de O}}{49{,}7 \cancel{\text{ g de CaO}}} = 11{,}4 \text{ g de O}$$

Luego, 39,9 g de CaO contienen 28,5 g de Ca y 11,4 g de O.

e) La composición centesimal de un compuesto es la proporción expresada en «tantos por ciento», entre las masas de los elementos que forman el compuesto y la masa del mismo. Representa las masas de los elementos por cada 100 unidades de masa (por ejemplo, gramos) del compuesto.
Como sabemos: en 49,7 g de CaO hay 35,5 g de Ca y 14,2 g de O.

Para calcular las masas de Ca y O que hay en 100 g de CaO, multiplicamos esta cantidad por los factores que relacionan las masas de estos elementos con la masa del compuesto:

$$100 \cancel{\text{ g de CaO}} \cdot \frac{35{,}5 \text{ g de Ca}}{49{,}7 \cancel{\text{ g de CaO}}} = 71{,}43 \text{ g de Ca}$$

$$100 \cancel{\text{ g de CaO}} \cdot \frac{14{,}2 \text{ g de O}}{49{,}7 \cancel{\text{ g de CaO}}} = 28{,}57 \text{ g de O}$$

(Esta última cantidad también se podría haber calculado por diferencia entre las masa de CaO y la masa de Ca: 100 – 71,43 = 28,57).

Por consiguiente, la composición centesimal del óxido de calcio es 71,43% de Ca y 28,57% de O.

2. Un compuesto formado por potasio, nitrógeno y oxígeno presenta la siguiente composición centesimal: 45,95% de K, 16,45% de N y 37,60% de O. Determinar:

a) La masa, en gramos, de cada uno de los elementos, necesaria para formar 250 g del compuesto.

b) La masa de una muestra de compuesto que contenga 30 g de potasio.

c) La masa de nitrógeno contenido en una muestra del compuesto que contenga 20 g de oxígeno.

Solución:

De la composición centesimal se deduce que en 100 g de compuesto hay 45,95 g de K, 16,45 g de N y 37,60 g de O.

a) La masa de cada uno de los elementos, necesaria para formar 250 g del compuesto, se obtiene:

$$250\ \cancel{\text{g de compuesto}} \cdot \frac{45{,}95\ \text{g de K}}{100\ \cancel{\text{g de compuesto}}} = 114{,}88\ \text{g de K}$$

$$250\ \cancel{\text{g de compuesto}} \cdot \frac{16{,}45\ \text{g de N}}{100\ \cancel{\text{g de compuesto}}} = 41{,}13\ \text{g de N}$$

$$250\ \cancel{\text{g de compuesto}} \cdot \frac{37{,}60\ \text{g de O}}{100\ \cancel{\text{g de compuesto}}} = 94\ \text{g de O}$$

Por consiguiente, para formar 250 g del compuesto son necesarios 114,88 g de K, 41,13 g de N y 94 g de O.

b) La masa de compuesto que contiene 30 g de K:

$$30\ \cancel{\text{g de K}} \cdot \frac{100\ \text{g de compuesto}}{45{,}95\ \cancel{\text{g de K}}} = 65{,}29\ \text{g de compuesto}$$

Luego, en 65,29 g del compuesto hay 30 g de K.

c) La proporción entre las masas de nitrógeno y oxígeno también se deduce de la composición centesimal: en el compuesto hay 16,45 g de N por cada 37,60 g de O.

La masa de nitrógeno correspondiente a 20 g de O, será:

$$20\,\cancel{\text{g de O}} \cdot \frac{16{,}45 \text{ g de N}}{37{,}60\,\cancel{\text{g de O}}} = 8{,}75 \text{ g de N}$$

Por tanto, una muestra del compuesto que contenga 20 g de O, contendrá también 8,75 g de N.

3. El hidrógeno y el oxígeno se combinan entre sí para formar agua en la siguiente proporción: 3,15 g de H por cada 25,20 g de O.
Si ponemos en contacto 45,54 g de H con 336,96 g de O y los hacemos reaccionar:

a) ¿Está alguno de los elementos en exceso? ¿cuál? ¿qué cantidad del mismo sobra?

b) ¿Qué masa de agua se formará?

Solución:

a) Las masas de hidrógeno y de oxígeno que se combinen entre sí, han de guardar la siguiente proporción: 3,15 g de H por cada 25,20 g de O. Si suponemos que reacciona todo el hidrógeno disponible, 45,54 g, la masa de oxígeno necesaria sería:

$$45{,}54\,\cancel{\text{g de H}} \cdot \frac{25{,}20 \text{ g de O}}{3{,}15\,\cancel{\text{g de H}}} = 364{,}32 \text{ g de O}$$

Como la cantidad de oxígeno de que disponemos, 336,96 g, es menor que la que se necesita para que reaccione todo el hidrógeno, parte de éste quedará sin reaccionar, es decir, sobra hidrógeno.

La cantidad de hidrógeno que reacciona con todo el oxígeno disponible, 336,96 g, es:

$$336{,}96\,\cancel{\text{g de O}} \cdot \frac{3{,}15 \text{ g de H}}{25{,}20\,\cancel{\text{g de O}}} = 42{,}12 \text{ g de H}$$

Por tanto, los 336,96 g de O se combinan con 42,12 g de H; la cantidad de hidrógeno que sobra es:

45,54 g de H – 42,12 g de H=3,42 g de H

Sobran 3,42 g de hidrógeno.

b) Como se combinan 42,12 g de H con 336,96 g de O, la cantidad de agua formada podemos calcularla aplicando la ley de conservación de la masa (Ley de Lavoisier):

42,12 g de H + 336,96 g de O = 379,08 g de agua

Se forman 379,08 g de agua.

4. **El bromo está compuesto por dos isótopos ^{79}Br y ^{81}Br; el primero tiene de masa atómica (o «masa nuclídica») 78,9163 y abunda en la naturaleza en un 50,54%; la masa atómica del segundo es 80,9163. Determinar la masa atómica del bromo.**

Solución:

Como la abundancia del isótopo ^{79}Br es de 50,54% y el bromo únicamente presenta dos isótopos:

$$\text{Cada 100 átomos de Br natural} \begin{cases} 50{,}54 \text{ átomos de } ^{79}\text{Br} \\ 49{,}46 \text{ átomos de } ^{81}\text{Br} \end{cases}$$

La masa de estos átomos de ^{79}Br será: $50{,}54 \cdot 78{,}9163$ y la de los átomos de ^{81}Br es $49{,}46 \cdot 80{,}9163$. Por tanto la masa de un átomo de Br (media ponderada) es:

$$\frac{50{,}54 \cdot 78{,}9163 + 49{,}46 \cdot 80{,}9163}{100} = 79{,}91$$

Luego la masa atómica del bromo es 79,91.

5. **Determinar:**

   a) **El número de moles de amoniaco (NH_3) que hay en 0,85 g de este compuesto.**

   b) **La masa en gramos de 1,5 moles de átomos de oxígeno.**

   c) **Los moles que son $1{,}204\,6 \cdot 10^{24}$ moléculas de agua.**

   d) **El número de átomos de oxígeno contenidos en 80 g del mismo.**

   e) **El volumen que ocupa 2,2 g de dióxido de carbono (CO_2), gas, en condiciones normales.**

   f) **La masa de anhídrido sulfúrico (SO_3), gas, contenido en un recipiente de 3 514,28 cm^3 de capacidad, a la presión de 750 mm de Hg y 150 °C de temperatura.**

Masas atómicas: N = 14; H = 1; O = 16; C = 12; S = 32

Solución:

Las relaciones que se desprenden del concepto de mol son:

1 mol de átomos (o moléculas) = $6{,}023 \cdot 10^{23}$ átomos (o moléculas) = masa atómica (o molecular) en gramos.

En un gas, además:

1 mol = 22,4 l en CN

Estas relaciones determinan los factores de conversión que utilizaremos para resolver los distintos apartados del problema.

a) La masa molecular del amoniaco, NH_3, es:

$14 + 3 \cdot 1 = 17$

Luego, 1 mol de NH_3=17g de NH_3

$$0{,}85\ \cancel{\text{g de } NH_3} \cdot \frac{1 \text{ mol de } NH_3}{17\ \cancel{\text{g de } NH_3}} = 0{,}05 \text{ moles de } NH_3$$

Por consiguiente, 0,85 g de NH_3 son 0,05 moles.

b) Como la masa atómica de oxígeno es 16, un mol de átomos de O =16 g de O

$$1{,}5\ \cancel{\text{moles de átomos de O}} \cdot \frac{16 \text{ g de O}}{1\ \cancel{\text{mol de átomos de O}}} = 24 \text{ g de O}$$

Luego, la masa de 1,5 moles de átomos de O es 24 g.

c) Como 1 mol = $6{,}023 \cdot 10^{23}$ moléculas:

$$1{,}204\,6 \cdot 10^{24}\ \cancel{\text{moléculas de } H_2O} \cdot \frac{1 \text{ mol de } H_2O}{6{,}023 \cdot 10^{23}\ \cancel{\text{moléculas de } H_2O}} = 2 \text{ moles de } H_2O$$

Luego, $1{,}204\,6 \cdot 10^{24}$ moléculas de agua son 2 moles

d) Como la masa atómica del oxígeno es 16:

1 mol de átomos de O = $6{,}023 \cdot 10^{23}$ átomos de O = 16 g de O

$$80\ \cancel{\text{g de O}} \cdot \frac{6{,}023 \cdot 10^{23} \text{ átomos de O}}{16\ \cancel{\text{g de O}}} = 30{,}115 \cdot 10^{23} \text{ átomos de O}$$

Luego, en 80 g de oxígeno hay $30{,}115 \cdot 10^{23}$ átomos de este elemento.

e) La masa molecular del dióxido de carbono, CO_2, es:

$12 + 2 \cdot 16 = 44$

Luego, 1 mol de CO_2=44 g de CO_2=22,4 l en CN

$$2{,}2\ \cancel{\text{g de } CO_2} \cdot \frac{22{,}4 \text{ l de } CO_2 \text{ en C.N.}}{44\ \cancel{\text{g de } CO_2}} = 1{,}12 \text{ l de } CO_2 \text{ en C.N.}$$

Por consiguiente, 2,2 g de CO_2 ocupan 1,12 l en CN.

f) Como el volumen no está medido en CN, utilizaremos la ecuación general de los gases para determinar el número de moles de SO_3 contenido en el recipiente:

$$P \cdot V = n \cdot R \cdot T$$

$$P = 750\text{mm de Hg} = 750 \cancel{\text{mm de Hg}} \cdot \frac{1 \text{ atm}}{760 \cancel{\text{mm de Hg}}} = 0{,}987 \text{ atm}$$

$$V = 3\,514{,}28 \text{ cm}^3 = 3{,}514\,28 \text{ l}$$

$$R = 0{,}082 \frac{\text{atm} \cdot \text{l}}{\text{K} \cdot \text{mol}}$$

$$T = 273 + 150 = 423 \text{ K}$$

Sustituyendo estos datos en la ecuación:

$$0{,}987 \cdot 3{,}514\,28 = n \cdot 0{,}082 \cdot 423 \Rightarrow n = 0{,}1 \text{ mol de } SO_3$$

Luego, el recipiente contiene 0,1 mol de SO_3.
La masa molecular del anhídrido sulfúrico, SO_3, es:

$$32 + 3 \cdot 16 = 80$$

Por consiguiente, 1 mol de SO_3 = 80g de SO_3; y la masa correspondiente a 0,1 mol de SO_3, es:

$$0{,}1 \cancel{\text{mol de } SO_3} \cdot \frac{80 \text{ g de } SO_3}{1 \cancel{\text{mol de } SO_3}} = 8 \text{ g de } SO_3$$

Luego, el recipiente contiene 8 g de SO_3.

6. En el carbonato de bario, $BaCO_3$, calcular:

a) Los gramos de carbono contenidos en 39,46 g de $BaCO_3$.

b) Los gramos de oxígeno por cada gramo de carbono, en dicho compuesto.

c) La masa de $BaCO_3$ que contiene 54,92 g de Ba.

d) La composición centesimal.

Masas atómicas: Ba = 137,3; C = 12; O = 16

Solución:

De la fórmula del carbonato de bario, $BaCO_3$, se deduce que una molécula del mismo está formada por un átomo de Ba, un átomo de C y tres átomos de O, por consiguiente:

$$1 \text{ mol de } BaCO_3 \begin{cases} 1 \text{ mol de átomos de Ba} \\ 1 \text{ mol de átomos de C} \\ 3 \text{ moles de átomos de O} \end{cases}$$

La masa molecular del $BaCO_3$ es:

$137{,}3 + 12 + 3 \cdot 16 = 197{,}3$

Como:

- 1 mol de $BaCO_3$ = 197,3 g de $BaCO_3$
- 1 mol de átomos de Ba = 137,3 g de Ba
- 1 mol de átomos de C = 12 g de C
- 3 moles de átomos de O = $3 \cdot 16$ = 48 g de O

En 197,3 g de $BaCO_3$ (1 mol de $BaCO_3$) hay 137,3 g de Ba (1 mol de átomos de Ba), 12 g de C (1 mol de átomos de C) y 48 g de O (3 moles de átomos de O). Estas relaciones las utilizamos a continuación para resolver los distintos apartados del problema.

a) $$39{,}46\ \cancel{\text{g de BaCO}_3} \cdot \frac{12\ \text{g de C}}{197{,}3\ \cancel{\text{g de BaCO}_3}} = 2{,}4\ \text{g de C}$$

b) $$1\ \cancel{\text{g de C}} \cdot \frac{48\ \text{g de O}}{12\ \cancel{\text{g de C}}} = 4\ \text{g de O}$$

c) $$54{,}92\ \cancel{\text{g de Ba}} \cdot \frac{197{,}3\ \text{g de BaCO}_3}{137{,}3\ \cancel{\text{g de Ba}}} = 78{,}92\ \text{g de BaCO}_3$$

d) Para determinar la composición centesimal del compuesto, calculamos la masa de cada uno de los elementos contenidos en 100 g del compuesto:

$$100\ \cancel{\text{g de BaCO}_3} \cdot \frac{137{,}3\ \text{g de Ba}}{197{,}3\ \cancel{\text{g de BaCO}_3}} = 69{,}59\ \text{g de Ba}$$

$$100\ \cancel{\text{g de BaCO}_3} \cdot \frac{12\ \text{g de C}}{197{,}3\ \cancel{\text{g de BaCO}_3}} = 6{,}08\ \text{g de C}$$

$$100\ \cancel{\text{g de BaCO}_3} \cdot \frac{48\ \text{g de O}}{197{,}3\ \cancel{\text{g de BaCO}_3}} = 24{,}33\ \text{g de O}$$

Por consiguiente, la composición centesimal del $BaCO_3$ es: 69,59% de Ba, 6,08% de C y 24,33% de O.

7. Un compuesto gaseoso formado exclusivamente por carbono e hidrógeno contiene un 85,72% de C. Determinar:

a) La fórmula empírica del compuesto.

b) Su fórmula molecular, sabiendo que 7 g del compuesto, ocupa en condiciones normales, un volumen de 5,6 l.

Masas atómicas: C = 12; H = 1.

Solución:

a) La fórmula empírica de un compuesto indica la proporción entre el número de átomos que lo forman, esta proporción será la misma que hay entre los moles de átomos de los elementos que forman el compuesto.

Como el compuesto está formado sólo por C y H y el porcentaje del primero es de 85,72 %, el porcentaje de H es: 100 - 85,72 = 14,28 %. Es decir: por cada 100 g del compuesto hay 85,72 g de C y 14,28 g de H, que expresados en moles de átomos:

$$85{,}72\ \cancel{\text{g de C}}\ \frac{1\ \text{mol de átomos de C}}{12\ \cancel{\text{g de C}}} = 7{,}14\ \text{moles de átomos de C}$$

$$14{,}28\ \cancel{\text{g de H}}\ \frac{1\ \text{mol de átomos de H}}{1\ \cancel{\text{g de H}}} = 14{,}28\ \text{moles de átomos de H}$$

La relación entre los números de átomos de C y H será:

$$\frac{7{,}14\ \text{moles de átomos de C}}{14{,}28\ \text{moles de átomos de H}} = \frac{\dfrac{7{,}14\ \text{moles de átomos de C}}{7{,}14\ \text{moles de átomos}}}{\dfrac{14{,}28\ \text{moles de átomos de H}}{7{,}14\ \text{moles de átomos}}} = \frac{1\ \text{átomos de C}}{2\ \text{átomos de H}}$$

Por tanto, en el compuesto, por cada átomo de C hay dos átomos de H, por lo que su fórmula empírica es CH_2.

b) Como la fórmula empírica del compuesto es CH_2, su formula molecular será C_xH_{2x}. Para calcular x es necesario conocer la masa molecular del compuesto.

De los conceptos de mol y de volumen molar:

1 mol = masa molecular en g = 22,4 l en CN

$$\frac{\text{masa molecular en g}}{22{,}4\ \text{l}} = \frac{7\ \text{g del compuesto}}{5{,}6\ \text{l}} \Rightarrow \text{masa molecular del compuesto} = 28$$

Por otro lado, por la fórmula del compuesto C_xH_{2x}, podemos obtener la masa molecular del mismo en función de x:

masa molecular del compuesto = $x \cdot 12 + 2x \cdot 1 = 14x$.

Por lo que: $28 = 14x \Rightarrow x = 2$.

La fórmula molecular del compuesto es C_2H_4 (eteno).

8. El carbonato de calcio ($CaCO_3$) reacciona con ácido nítrico (HNO_3) formándose nitrato de calcio ($Ca(NO_3)_2$), dióxido de carbono (CO_2) y agua (H_2O).

a) Escribir la ecuación correspondiente a esta transformación, y ajustarla.

b) ¿Cuántos gramos de HNO_3 son necesarios para reaccionar con 20 g de $CaCO_3$?

c) ¿Cuántos moles de $Ca(NO_3)_2$ se forman con 100,8 g de HNO_3?

d) ¿Qué volumen de CO_2 medido a una presión de 3 atm y a una temperatura de 27 °C, se obtiene con 10 g de $CaCO_3$?
Masas atómicas: N = 14; O = 16; H = 1; Ca = 40; C = 12

Solución:

a) La ecuación química, sin ajustar, de esta transformación es:

$$CaCO_3 + HNO_3 \rightarrow Ca(NO_3)_2 + CO_2 + H_2O$$

Si tomamos 2 moléculas de HNO_3, vemos que la ecuación queda ajustada:

$$CaCO_3 + 2HNO_3 \rightarrow Ca(NO_3)_2 + CO_2 + H_2O$$

Por consiguiente: «un mol de $CaCO_3$ reacciona con dos moles de HNO_3 formándose un mol de $Ca(NO_3)_2$, un mol de CO_2 y un mol de H_2O».

Estas relaciones nos van a permitir realizar los cálculos estequiométricos necesarios para dar respuestas a las demás preguntas de este problema. Para ello, es necesario recordar que el mol representa, tanto un número de partículas ($6{,}023 \cdot 10^{23}$ moléculas), como una masa de sustancia (la masa molecular de la sustancia expresada en gramos); y, en el caso de una sustancia gaseosa, un mol , además, equivale a un volumen de 22,4 l medido en condiciones normales (0 °C y 1 atm); en otras condiciones, la relación entre el volumen de la sustancia gaseosa y el mol se obtiene a partir de la ecuación general de los gases: $P \cdot V = n \cdot R \cdot T$.

b) Como acabamos de decir, 1 mol de $CaCO_3$ reacciona con 2 moles de HNO_3.

La masa molecular del $CaCO_3$ es: $40 + 12 + 3 \cdot 16 = 100$

Luego:

$$20 \, \cancel{g\ de\ CaCO_3} \cdot \frac{1 \text{ mol de } CaCO_3}{100 \, \cancel{g\ de\ CaCO_3}} = 0{,}2 \text{ moles de } CaCO_3$$

$$0{,}2 \, \cancel{moles\ de\ CaCO_3} \cdot \frac{2 \text{ mol de } HNO_3}{1 \, \cancel{mol\ g\ de\ CaCO_3}} = 0{,}4 \text{ moles de } HNO_3$$

La masa molecular del HNO_3 es:

$1 + 14 + 3 \cdot 16 = 63$

Por consiguiente:

$$0{,}4 \, \cancel{moles\ de\ HNO_3} \cdot \frac{63 \text{ g de } HNO_3}{1 \, \cancel{mol\ de\ HNO_3}} = 25{,}2 \text{ g de } HNO_3$$

c) Con 2 moles de HNO_3 se forma 1 mol de $Ca(NO_3)_2$

$$100{,}8\ \cancel{\text{g de } HNO_3} \cdot \frac{1 \text{ mol de } HNO_3}{63\ \cancel{\text{g de } HNO_3}} = 1{,}6 \text{ moles de } HNO_3$$

$$1{,}6\ \cancel{\text{moles de } HNO_3} \cdot \frac{1 \text{ mol de } Ca(NO_3)_2}{2\ \cancel{\text{moles de } HNO_3}} = 0{,}8 \text{ moles de } Ca(NO_3)_2$$

d) Con 1 mol de $CaCO_3$ se forma 1 mol de CO_2

$$10\ \cancel{\text{g de } CaCO_3} \cdot \frac{1 \text{ mol de } CaCO_3}{100\ \cancel{\text{g de } CaCO_3}} = 0{,}1 \text{ mol de } CaCO_3$$

$$0{,}1\ \cancel{\text{mol de } CaCO_3} \cdot \frac{1 \text{ mol de } CO_2}{1\ \cancel{\text{mol de } CaCO_3}} = 0{,}1 \text{ mol de } CO_2$$

Sustituyendo los datos de la ecuación general de los gases:

$$P \cdot V = n \cdot R \cdot T$$

$$\left.\begin{array}{l} P = 3 \text{ atm} \\ n = 0{,}1 \text{ mol} \\ R = 0{,}082 \ \dfrac{\text{atm} \cdot \text{l}}{\text{K} \cdot \text{mol}} \\ T = 27\ ^\circ C = 27 + 273 = 300 \text{ K} \end{array}\right\} \Rightarrow 3 \cdot V = 0{,}1 \cdot 0{,}082 \cdot 300 \Rightarrow V = 0{,}82 \text{ l de } CO_2$$

Se obtiene 0,82 l de CO_2 medido a una presión de 3 atm y a una temperatura de 27 °C.

9. Calcular la concentración de una disolución, expresada en tanto por ciento, formada al disolver 50 g de cloruro sódico en 200 g de agua.

Solución:

Como la disolución se forma al mezclar el soluto con el disolvente, su masa es la suma de las masas de estos:

Masa de la disolución = 50 g + 200 g = 250 g

Sustituyendo los datos en la expresión de la concentración en tanto por ciento:

$$\% = \frac{\text{n° de gramos de soluto}}{\text{n° de gramos de disolución}} \cdot 100 = \frac{50}{250} \cdot 100 = 20$$

La concentración de la disolución es del 20% en masa.

10. Se dispone de una disolución de sulfato de sodio en agua al 5% en masa, cuya densidad es 1,2 g/ml. Determinar:

a) El volumen de disolución que contiene 1,5 g de sulfato de sodio.

b) La normalidad de la disolución.

c) La fracción molar del soluto.

Masas atómicas: Na = 23; S = 32; O = 16; H = 1.

Solución:

a) A partir de la proporción que representa el tanto por ciento (5 g de sulfato de sodio por cada 100 g de disolución), obtenemos la masa de disolución que contiene 1,5 g de sulfato de sodio (Na_2SO_4):

$$1{,}5\ \cancel{\text{g de } Na_2SO_4} \cdot \frac{100 \text{ g de disolución}}{5\ \cancel{\text{g de } Na_2SO_4}} = 30 \text{ g de disolución}$$

El volumen de disolución se calcula mediante la densidad:

$$d = \frac{m}{V} \Rightarrow V = \frac{m}{d} = \frac{30 \text{ g}}{1{,}2 \text{ g/ml}} = 25 \text{ ml}$$

Luego, 25 ml de disolución contienen 1,5 g de sulfato de sodio.

b) Si consideramos 100 g de disolución, la cantidad de sulfato de sodio contenida en la misma es 5 g. Para calcular la normalidad necesitamos expresar la cantidad de soluto en equivalentes gramos y la de disolución en litros.

Masa molecular del Na_2SO_4: 142

Como la disociación iónica del sulfato de sodio produce dos cargas positivas y dos negativas ($Na_2SO_4 \rightleftarrows 2Na^+ + SO_4^{2-}$), el equivalente gramo de esta sal se obtiene dividiendo su masa molecular, expresada en gramos, entre dos:

$$1 \text{ equivalente gramo de } Na_2SO_4 = \frac{142 \text{ g}}{2} = 71 \text{ g}$$

A partir de esta relación calculamos el número de equivalentes gramos correspondientes a 5 g de soluto:

$$5 \text{ g de } Na_2SO_4 \frac{1 \text{ equivalente gramo de } Na_2SO_4}{71 \text{ g de } Na_2SO_4} = 0{,}07042 \text{ equivalentes gramos}$$

de $Na_2\ SO_4$

El volumen de la disolución se calcula a partir de la densidad:

$$d = \frac{m}{V} \Rightarrow V = \frac{100 \text{ g}}{1,2 \text{ g / ml}} = 83,33 \text{ ml} = 0,08333 \text{ l}$$

Sustituyendo estos datos en la expresión de la normalidad:

$$N = \frac{\text{n}^{\text{o}} \text{ de equivalentes gramos de soluto}}{\text{n}^{\text{o}} \text{ de litros de disolución}} = \frac{0,07042}{0,08333} = 0,845$$

La disolución es 0,845 N.

c) Como en 100 g de disolución hay 5 g de soluto (sulfato de sodio), el resto, 95 g, corresponden al disolvente (agua). Estas cantidades expresadas en moles:

Masa molecular del Na_2SO_4: 142
Masa molecular del H_2O: 18

$$5 \cancel{\text{ g de } Na_2SO_4} \frac{1 \text{ mol de } Na_2SO_4}{142 \cancel{\text{ g de } Na_2SO_4}} = 0,035 \text{ moles de } Na_2SO_4$$

$$95 \cancel{\text{ g de } H_2O} \frac{1 \text{ mol de } H_2O}{18 \cancel{\text{ g de } H_2O}} = 5,278 \text{ moles de } H_2O$$

Sustituyendo los datos en la expresión de la fracción molar:

$$x_s = \frac{\text{n}^{\text{o}} \text{de moles de soluto}}{\text{n}^{\text{o}} \text{de moles de soluto} + \text{n}^{\text{o}} \text{de moles de disolvente}} = \frac{0,035}{0,035 + 5,278} =$$

$$= 6,59 \cdot 10^{-3}$$

La fracción molar del soluto es $6,59 \cdot 10^{-3}$.

11. 3,22 g de alcohol etílico (C_2H_5OH) se disuelven en agua formándose 200 ml de disolución, de densidad 1,1 g/ml. Calcular su concentración en:

a) Gramos por litro.

b) Molaridad.

c) Tanto por ciento en masa.

Masas atómicas: C = 12; H = 1; O = 16.

Solución:

a) Sustituyendo los datos en la expresión de la concentración en gramos por litros, y teniendo en cuenta que 200 ml = 0,2 l:

$$g/l = \frac{\text{n}^{\text{o}} \text{ de gramos de soluto}}{\text{n}^{\text{o}} \text{ de litros de disolución}} = \frac{3,22 \text{ g}}{0,2 \text{ l}} = 16,1 \text{ g/l}$$

Luego, la concentración de la disolución es 16,1 g/l.

b) Para calcular la molaridad necesitamos expresar la cantidad de soluto en moles.

La masa molecular del alcohol etílico, C_2H_5OH, es:

$2 \cdot 12 + 6 \cdot 1 + 16 = 46$

Luego, 1 mol de C_2H_5OH = 46 g de C_2H_5OH

$$3{,}22 \ \cancel{\text{g de } C_2H_5OH} \cdot \frac{1 \text{ mol de } C_2H_5OH}{46 \ \cancel{\text{g de } C_2H_5OH}} = 0{,}07 \text{ moles de } C_2H_5OH$$

Sustituyendo los datos en la expresión de la molaridad:

$$M = \frac{\text{n}^\text{o} \text{ de moles de soluto}}{\text{n}^\text{o} \text{ de litros de disolución}} = \frac{0{,}07 \text{ moles}}{0{,}2 \text{ l}} = 0{,}35 \,\text{moles}/\text{l}$$

La disolución es 0,35 M.

c) Para calcular el tanto por ciento necesitamos conocer la masa de la disolución, para ello usamos la densidad:

$$d = \frac{m}{V} \Rightarrow m = d \cdot V = 1{,}1 \text{ g / ml} \cdot 200 \text{ ml} = 220 \text{ g}$$

Sustituyendo los datos en la expresión del tanto por ciento:

$$\% = \frac{\text{n}^\text{o} \text{ de gramos de soluto}}{\text{n}^\text{o} \text{ de gramos de disolución}} \cdot 100 = \frac{3{,}22}{220} \cdot 100 = 1{,}46$$

La concentración de la disolución es del 1,46% en masa.

12. Disponemos de una disolución acuosa de ácido sulfúrico (H_2SO_4) 2 M. Determinar:

a) El volumen de esta disolución que hay que coger para que contenga 4,9 g de H_2SO_4.

b) La concentración de la disolución expresada en gramos por litro.

Masas atómicas: H = 1; S = 32; O = 16.

Solución:

a) Como la concentración de la disolución viene dada por la molaridad, expresaremos la cantidad de soluto (4,9 g de H_2SO_4) en moles.

La masa molecular del H_2SO_4 es:

$2 \cdot 1 + 32 + 4 \cdot 16 = 98$

Luego, 1 mol de H_2SO_4 = 98 g de H_2SO_4

$$4{,}9\ \cancel{\text{g de } H_2SO_4} \cdot \frac{1 \text{ mol de } H_2SO_4}{98\ \cancel{\text{g de } H_2SO_4}} = 0{,}05 \text{ moles de } H_2SO_4$$

Sustituyendo los datos en la expresión de la molaridad:

$$M = \frac{\text{n}^\circ \text{ de moles de soluto}}{\text{n}^\circ \text{ de litros de disolución}}$$

$$2 = \frac{0{,}05 \text{ moles de } H_2SO_4}{\text{n}^\circ \text{ de litros de disolución}} \Rightarrow \text{n}^\circ \text{ de litros de disolución} = 0{,}025 \text{ l}$$

Como 1 l =1 000 cm^3: 0,025 l =25 cm^3

Por consiguiente, 25 cm^3 de disolución contienen 4,9 g de H_2SO_4.

b) Como acabamos de decir, 0,025 l de disolución contienen 4,9 g de H_2SO_4; sustituyendo estos datos en la expresión de la concentración en gramos por litro:

$$\text{g/l} = \frac{\text{n}^\circ \text{ de gramos de soluto}}{\text{n}^\circ \text{ de litros de disolución}} = \frac{4{,}9 \text{ g de } H_2SO_4}{0{,}025 \text{ l de disolución}} = 196 \text{ g/l}$$

Luego, la concentración de la disolución es 196 g/l.

13. A 100 cm³ de una disolución acuosa de sacarosa (azúcar común) 3 M se le añade agua hasta 500 cm³. Calcular la molaridad de la nueva disolución.

Solución:

La cantidad de soluto contenida en la disolución primitiva se obtiene al sustituir los datos en la expresión de la molaridad:

$$M = \frac{\text{n}^\circ \text{ de moles de soluto}}{\text{n}^\circ \text{ de litros de disolución}}$$

$$3 = \frac{\text{n}^\circ \text{ de moles de soluto}}{0{,}1} \Rightarrow \text{n}^\circ \text{ de moles de soluto} = 0{,}3$$

Luego, la nueva disolución contiene 0,3 moles de sacarosa, ya que se ha obtenido al añadir solamente agua (disolvente) a la disolución primitiva, pero su volumen es 500 cm^3 = 0,5 l. Sustituyendo estos datos en la expresión de la molaridad:

$$M = \frac{\text{n}^\circ \text{ de moles de soluto}}{\text{n}^\circ \text{ de litros de disolución}} = \frac{0{,}3 \text{ moles}}{0{,}5 \text{ l}} = 0{,}6 \text{ moles/l}$$

La molaridad de la nueva disolución es 0,6.

14. Se dispone de una disolución 4 M de hidróxido sódico (NaOH) en agua, y queremos preparar 250 cm³ de disolución 0,1 M de hidróxido sódico. Para ello tomamos cierto volumen de la disolución 4 M y le añadimos agua hasta completar 250 cm³. Calcular el volumen de disolución 4 M que tenemos que tomar.

Solución:

Sustituyendo los datos de la disolución que queremos preparar, en la expresión de la molaridad:

$$M = \frac{\text{n}^{\text{o}} \text{ de moles de soluto}}{\text{n}^{\text{o}} \text{ de litros de disolución}}$$

$$0{,}1 = \frac{\text{n}^{\text{o}} \text{ de moles de soluto}}{0{,}250 \text{ l}} \Rightarrow \text{n}^{\text{o}} \text{ de moles de soluto} = 0{,}025$$

Luego, para preparar esta disolución necesitamos 0,025 moles de NaOH. Por consiguiente, tenemos que tomar un volumen de la disolución 4 M tal que contenga 0,025 moles de NaOH; sustituyendo estos datos en la expresión de la molaridad:

$$M = \frac{\text{n}^{\text{o}} \text{ de moles de soluto}}{\text{n}^{\text{o}} \text{ de litros de disolución}}$$

$$4 = \frac{0{,}025 \text{ moles NaOH}}{\text{n}^{\text{o}} \text{ de litros de disolución}} \Rightarrow \text{n}^{\text{o}} \text{ de litros de disolución} = 0{,}00625$$

Para preparar la disolución pedida hay que coger 0,006 25 l, es decir, 6,25 cm³ de disolución 4 M.

15. El cloruro de hidrógeno (HCl) reacciona con el hierro (Fe) formándose cloruro de hierro (II) ($FeCl_2$) e hidrógeno (H_2). Calcular el volumen de disolución de 2 M de HCl necesario para reaccionar completamente con 14 g de Fe.

Masa atómica de Fe = 56

Solución:

La ecuación química ajustada, correspondiente a esta reacción es:

$$2HCl + Fe \rightarrow FeCl_2 + H_2$$

Es decir, «2 moles de HCl reaccionan con 1 mol de Fe»

$$14 \, \cancel{\text{g de Fe}} \cdot \frac{1 \text{ mol de Fe}}{56 \, \cancel{\text{g de Fe}}} = 0{,}25 \text{ moles de Fe}$$

$$0{,}25 \, \cancel{\text{moles de Fe}} \cdot \frac{2 \text{ moles de HCl}}{1 \, \cancel{\text{mol de Fe}}} = 0{,}5 \text{ moles de HCl}$$

Necesitamos 0,5 moles de HCl, por lo que hay que tomar un volumen de disolución tal que contenga 0,5 moles de soluto (HCl). Sustituyendo los datos en la expresión de la molaridad:

$$\left.\begin{array}{l} M = \dfrac{\text{nº de moles de soluto}}{\text{nº de litros disolución}} \\ M = 2 \\ \text{nº de moles de soluto} = 0{,}5 \\ \text{nº de litros de disolución} = V \end{array}\right\} \Rightarrow 2 = \dfrac{0{,}5}{V} \Rightarrow V = 0{,}25 \text{ l de disolución}$$

Se necesitan 0,25 l = 250 cm^3 de disolución 2 M de HCl.

16. En la reacción de neutralización entre el ácido sulfúrico (H_2SO_4) y el hidróxido sódico (NaOH) se forma sulfato de sodio (Na_2SO_4) y agua (H_2O). Calcular la molaridad de una disolución de NaOH, sabiendo que 20 cm^3 de la misma neutralizan todo el H_2SO_4 contenido en 15 cm^3 de disolución 0,4 molar, de dicho ácido.

Solución:

La ecuación química ajustada correspondiente a esta reacción de neutralización es:

$H_2SO_4 + 2NaOH \rightarrow Na_2SO_4 + 2H_2O$

Es decir, «un mol de H_2SO_4 reacciona con dos moles de NaOH».

Si en la expresión de la molaridad sustituimos los datos correspondientes a la disolución de H_2SO_4:

$$\left.\begin{array}{l} M = \dfrac{\text{nº de moles de soluto}}{\text{nº de litros de disolución}} \\ M = 0{,}4 \\ \text{nº de moles de soluto} = n \\ \text{nº de litros de disolución} = 15 \cdot 10^{-3} \text{ l} \end{array}\right\} \Rightarrow 0{,}4 = \dfrac{n}{15 \cdot 10^{-3}} \Rightarrow n = 6 \cdot 10^{-3} \text{ moles de } H_2SO_4$$

$$6 \cdot 10^{-3} \cancel{\text{moles de } H_2SO_4} \cdot \frac{2 \text{ moles de NaOH}}{1 \cancel{\text{mol de } H_2SO_4}} = 12 \cdot 10^{-3} \text{ moles de NaOH}$$

Sustituyendo, en la expresión de la molaridad, los datos correspondientes a la disolución de NaOH:

$$\left.\begin{array}{l} \text{nº de moles de soluto} = 12 \cdot 10^{-3} \\ \text{nº de litros de disolución} = 20 \cdot 10^{-3} \text{ l} \end{array}\right\} \Rightarrow M = \frac{12 \cdot 10^{-3}}{20 \cdot 10^{-3}} = 0{,}6$$

Luego, la disolución de NaOH es 0,6 M.

PROBLEMAS

1. **Al combinar 113,7 g de azufre con una cantidad suficiente de calcio, se forman 255,8 g de sulfuro de calcio. Calcular la masa de calcio que ha reaccionado con el azufre.**

2. **Al combinar entre sí azufre con oxígeno para formar anhídrido sulfúrico, se observó en una experiencia que 13,56 g de azufre se combinaban con 20,34 g de O; y en otra experiencia que 55,34 g de azufre se combinaban con 83,01 g de oxígeno.**

   a) Comprobar que los datos obtenidos en las experiencias están conforme a la ley de Proust.

   b) Calcular la masa de anhídrido sulfúrico que se obtiene al combinarse 10 g de azufre, con la suficiente cantidad de oxígeno.

   c) Determinar la composición centesimal del anhídrido sulfúrico.

3. **Un compuesto formado exclusivamente por carbono e hidrógeno contiene un 85,72% de carbono. Calcular la masa de carbono que se combina con 20 g de hidrógeno para formar dicho compuesto.**

4. **El azufre y el oxígeno se combinan entre sí formando tres compuestos diferentes: en el primero, 13,56 g de S se combinan con 6,78 g de O; en el segundo, 1 g de S por cada gramo de O; y en el tercero, 55,34 g de S con 83,01 g de O. Comprobar que se cumple la ley de las proporciones múltiples.**

5. **Sabiendo que 20,34 g de oxígeno se combinan con 13,56 g de azufre formándose anhídrido sulfúrico; 35,28 g de oxígeno se combinan con 88,2 g de calcio para formar óxido de calcio; y 113,68 g de azufre se unen con 142,1 g de calcio para formar sulfuro de calcio. Comprobar si se verifica la ley de Richter.**

6. **El carbono en la naturaleza presenta dos isótopos ^{12}C y ^{13}C cuyas masas atómicas son 12,000 y 13,003 respectivamente. Determinar el porcentaje de cada uno en la naturaleza sabiendo que la masa atómica del carbono es 12,01115.**

7. **Calcular cuántos moles de átomos contienen:**

   a) 5 g de calcio.

   b) 57,5 g de sodio.

   Masas atómicas: Ca = 40; Na = 23

8. **¿Cuántos gramos de azufre hay en 0,25 moles de átomos de azufre?**

   Masa atómica del azufre = 32

9. **Calcular:**

   a) Los moles de átomos de azufre y de oxígeno contenidos en 0,2 moles de anhídrido sulfuroso (SO_2).

   b) El número de átomos de cada uno de los elementos en la misma cantidad de compuesto.

10. **¿Cuántos moles de cloruro de aluminio ($AlCl_3$) están contenidos en 53,4 g del mismo?**

    Masas atómicas: Al = 27; Cl = 35,5

11. **Calcular:**

    a) Los gramos de ácido nítrico (HNO_3) contenidos en 0,25 moles del mismo.

    b) Los moles de cloruro de calcio ($CaCl_2$) que hay en 166,5 g del mismo.

    Masas atómicas: H = 1; N = 14; O = 16; Cl = 35,5; Ca = 40

12. **Calcular la masa en gramos de una molécula de hidrógeno (H_2).**

    Masa atómica del hidrógeno: 1

13. **Calcular la composición centesimal del dicromato de potasio ($K_2Cr_2O_7$).**

    Masas atómicas: K = 39; Cr = 52; O = 16

14. **Determinar la composición centesimal del tiosulfato sódico ($Na_2S_2O_3$).**

    Masas atómicas: Na = 23; S = 32 ; O = 16

15. **¿Cuál de estos minerales, supuestos puros, es más rico en hierro: el oligisto (óxido de hierro (III), Fe_2O_3) o la limonita (hidróxido de hierro (III), $Fe(OH)_3$)?**

    Masas atómicas: Fe = 55,85; O = 16; H = 1

    Nota: El mineral más rico en hierro es el que tenga mayor porcentaje de este elemento.

16. **Calcula cuál de estas dos sustancias es más rica en nitrógeno: nitrato sódico ($NaNO_3$), o nitrato potásico (KNO_3).**

    Masas atómicas: Na = 23; K = 39; N = 14; O = 16

17. **Determinar las masas de calcio, carbono y oxígeno contenidas en 12,5 g de carbonato de calcio ($CaCO_3$).**

    Masas atómicas: Ca = 40; C = 12; O = 16

18. **Determina la fórmula empírica de una sustancia cuya composición centesimal es: 0,8% de H, 36,5% de Na, 24,6% de P y 38,1% de O.**

    Masas atómicas: H = 1, Na = 23, P = 31, O = 16

19. Determinar la fórmula empírica de un compuesto formado por calcio, carbono y oxígeno, sabiendo que 12,5 g de dicho compuesto contiene 6 g. de oxígeno y 5 g de calcio.

Masas atómicas: Ca = 40, C = 12, O = 16

20. Se conocen dos óxidos plomo en los cuales 29,13 g de plomo están combinados, respectivamente, con 4,5 g y 2,99 g de oxígeno. Establecer las fórmulas empíricas de estos dos óxidos.

Masas atómicas: Pb = 207, O = 16

21. Un óxido de nitrógeno contiene el 36,84% de N y el 63,16% de O. Por otra parte 3,8 g de dicho óxido, a una presión de 3 atm y a la temperatura de 27 °C ocupa 410 cm^3. Establecer la fórmula molecular de esta sustancia.

Masas atómicas: N = 14, O = 16

22. Un compuesto formado por carbono e hidrógeno contiene 12 g de C por cada gramo de H. Por otro lado 1,56 g de vapor de este compuesto ocupa en condiciones normales 448 cm^3. Determinar su fórmula molecular.

Masas atómicas: C = 12, H = 1

23. El clorato potásico ($KClO_3$) se descompone por la acción del calor formándose cloruro de potasio (KCl) y oxígeno (O_2). Formula y ajusta la ecuación química correspondiente, y calcula el volumen de oxígeno, medido en condiciones normales, que se obtiene por descomposición de 1 kg de clorato potásico.

Masas atómicas: K = 39; Cl = 35,5 ; O = 16

24. La combustión del butano (C_4H_{10}) tiene lugar según la reacción:

$$2C_4H_{10} + 13O_2 \longrightarrow 8CO_2 + 10H_2O$$

a) ¿Cuántos gramos de O_2 son necesarios para quemar 11,6 g de butano?

b) ¿Qué volumen de CO_2 medido a 2 atm y 127 °C se produce en la combustión de 11,6 g de C_4H_{10}?

c) ¿Cuántos gramos de butano se necesitan quemar para producir 35,21 g de CO_2?

Masas atómicas: C = 12; O = 16; H = 1

25. Dada la ecuación química:

$$2NaHCO_3 \longrightarrow Na_2CO_3 + CO_2 + H_2O$$

Descomponiendo 250 g de $NaHCO_3$, determinar:

a) Los gramos de Na_2CO_3 que se obtienen.

b) El volumen de CO_2 en condiciones normales que se desprende.

Masa atómicas: Na = 23; H = 1; C = 12; O = 16

26. Dada la reacción de combustión del monóxido de carbono (CO):

$2CO + O_2 \longrightarrow 2CO_2$

Determinar el volumen de aire, en condiciones normales, necesario para la combustión total de 100 l de CO a 3 atm y 27 °C (el aire contiene un 20%, en volumen, de oxígeno, es decir, 100 l de aire contienen 20 l de oxígeno).

27. El sodio (Na) reacciona con el agua (H_2O) formándose hidróxido de sodio (NaOH) y desprendiéndose gas hidrógeno (H_2). Si mezclamos 20,7 g de Na con 14,4 g de H_2O, estas sustancias reaccionan entre sí hasta que se agote uno de los reactivos.

a) ¿Qué reactivo es el que se agota? ¿Qué cantidad del otro reactivo queda sin reaccionar?

b) ¿Qué volumen de hidrógeno medido en CN se obtiene?

Masas atómicas: Na = 23; H = 1; O = 16

28. La ecuación química correspondiente a la reacción entre el ácido sulfúrico (H_2SO_4) y el cinc (Zn) es:

$H_2SO_4 + Zn \longrightarrow ZnSO_4 + H_2$

Si mezclamos 42 g de H_2SO_4 con 26 g de Zn y los hacemos reaccionar, ¿cuál de los reactivos se encuentra en exceso? ¿qué cantidad del mismo queda sin reaccionar?

Masas atómicas: H = 1; S = 32; O = 16; Zn = 65

29. Calcular el número de moles de soluto contenidos en cada una de las siguientes disoluciones:

a) 200 ml de disolución de ácido sulfúrico 6 M.

b) 500 ml de disolución de ácido fosfórico 3 M.

30. Calcular la molaridad de una solución de cloruro de aluminio ($AlCl_3$) que contiene 5,34 g de dicha sal en 200 ml de disolución.

Masas atómicas: Al = 27; Cl = 35,5

31. Calcular la masa de soluto necesario para la preparación de las siguientes disoluciones:

a) 500 ml de disolución de permanganato potásico ($KMnO_4$) 0,2 M.

b) 300 ml de disolución de cloruro de estaño (II) ($SnCl_2$) 0,125 M.

Masas atómicas: K = 39; Mn = 55; O = 16; Sn = 118,7; Cl = 35,5

32. Se disuelve 2 g de glucosa en 150 g de agua. ¿Cuál es la concentración de la disolución en tanto por ciento?

33. Calcular la molaridad de una disolución de glucosa ($C_6H_{12}O_6$) que contiene 7,2 g/l.

Masas atómicas: C = 12; H = 1; O = 16

34. ¿Cuántos gramos de cloruro sódico (NaCl) contiene 200 cm³ de una disolución 2 M de dicha sal?

Masas atómicas: Na = 23; Cl = 35,5

35. Se disuelven 60 g de ácido sulfúrico (H_2SO_4) en agua hasta formar 300 cm³ de disolución. Calcular su molaridad.

Masas atómicas: S = 32; H = 1; O = 16

36. Se diluyen 30 cm³ de una disolución 2,5 M con agua hasta 500 cm³. Calcular la molaridad de la nueva disolución.

37. ¿Cuántos gramos de hidróxido de sodio (NaOH) están contenidos en 600 ml de una disolución 1,5 M de dicha sustancia?

Masas atómicas; Na = 23; O = 16; H = 1

38. Determinar la molaridad de una disolución de hidróxido de calcio ($Ca(OH)_2$) que contiene 2 g de soluto en cada litro de disolución.

Masas atómicas: Ca = 40; O = 16; H = 1

39. ¿Cuántos cm³ de una disolución 1,5 M de cloruro de hidrógeno (HCl) deberemos tomar para tener 15 g de dicho compuesto?

Masas atómicas: H = 1; Cl = 35,5

40. Queremos preparar 500 cm³ de disolución de permanganato potásico 0,15 M. ¿Cuántos cm³ de otra disolución 3 M de la misma sustancia tenemos que tomar?

41. Determinar la normalidad de una solución de ácido fosfórico que contiene 1,64 g de dicho ácido en 200 ml de disolución.

Masas atómicas: H = 1; P = 31; O = 16

42. Determinar la normalidad de una solución de dicromato amónico que contiene 6,3 g de esta sal en 500 ml de solución.

Masas atómicas: N = 14; H = 1; Cr = 52; O = 16

43. Una solución diluida de ácido fosfórico se obtiene diluyendo 50 ml de solución del ácido, de densidad 1,64 $\frac{g}{cm^3}$ y que contiene el 60 por 100 en peso de ácido fosfórico, hasta completar 500 ml. Determinar:

a) Su molaridad.

b) La normalidad de la solución ácida diluida.

Masas atómicas: H = 1; P = 31; O = 16

44. Determinar el número de moles y el número de gramos de soluto contenidos en 200 ml de una solución 0,3 N de nitrato de magnesio.

Masas atómicas: Mg = 24,3; N = 14; O = 16

45. Calcular cuántos gramos de ácido nítrico al 66 por 100 son necesarios para preparar 300 ml de una solución 0,2 N de dicho ácido.

Masas atómicas: H = 1; N = 14; O = 16

46. ¿Cuál es la normalidad de una lejía de sosa (NaOH) al 16 por 100 y de densidad 1,18 $\frac{g}{ml}$?

Masas atómicas: Na = 23; O = 16; H = 1

47. Calcular la molaridad de una disolución de cloruro de hidrógeno de densidad 1,03 g/ml y del 20% en masa.

Masas atómicas: H = 1; Cl = 35,5

48. Determinar la molalidad de una disolución que contiene 22,5 g de glucosa ($C_6H_{12}O_6$) disuelta en 500 g de agua.

Masas atómicas: C = 12; H = 1; O = 16

49. Calcular las fracciones molares de soluto y de disolvente en una disolución de alcohol etílico (C_2H_6O) en agua del 92% en masa.

Masas atómicas: C = 12; H = 1; O = 16

50. Una disolución está formada por: 23 g de glicerina ($C_3H_8O_3$), 10,88 g de alcohol metílico (CH_3OH) y 97,38 g de agua. Calcular la fracción molar de cada uno de los componentes de la disolución.

Masas atómicas: C = 12; H = 1; O = 16

51. El ácido nítrico (HNO_3) reacciona con el cobre (Cu) formándose nitrato de cobre (II) ($Cu(NO_3)_2$) y gas hidrógeno (H_2). Escribir y ajustar la ecuación correspondiente a esta reacción, y calcular:

a) El volumen de disolución 1,2 M de HNO_3 que necesitamos para reaccionar completamente con 3,81 g de Cu.

b) El volumen de hidrógeno, medido en condiciones normales, que se produce en el caso anterior.

Masa atómica del Cu: 63,5

52. El cloruro de sodio (NaCl) reacciona con el nitrato de plata ($AgNO_3$) formándose cloruro de plata (AgCl) y nitrato de sodio ($NaNO_3$). Calcular la molaridad de una

disolución de $AgNO_3$, sabiendo que 100 cm^3 de la misma reacciona completamente con 11,7 g de NaCl.

Masas atómicas: Na=23; Cl=35,5

53. **Calcular la molaridad de una disolución de hidróxido de potasio (KOH) sabiendo que para neutralizar 20 cm^3 de la misma se ha necesitado 30 cm^3 de disolución 0,2 M de cloruro de hidrógeno (HCl).**

54. **Calcular el volumen de disolución 1,2 M de ácido sulfúrico (H_2SO_4), necesario para neutralizar 40 cm^3 de disolución 1,5 M de hidróxido de calcio ($Ca(OH)_2$).**

SOLUCIONES DE LOS PROBLEMAS

1. 142,1 g de Ca.
2. b) 25 g de SO_3; c) 40% de S y 60% de O.
3. 120 g de C.
4. Sí, se verifica la ley.
5. Sí, se verifica la ley.
6. 98,89% de ^{12}C y 1,11% de ^{13}C.
7. a) 0,125 moles de átomos de Ca; b) 2,5 moles de átomos de Na.
8. 8 g.
9. a) 0,2 moles de átomos de S y 0,4 moles de átomos de O; b) $1{,}204\,6 \cdot 10^{23}$ átomos de S y $2{,}409\,2 \cdot 10^{23}$ átomos de O.
10. 0,4 moles.
11. a) 15,75 g; b) 1,5 moles.
12. $3{,}3 \cdot 10^{-24}$ g.
13. 26,53% de K; 38,09% de O y 35,37% de Cr.
14. 40,50% de S; 29,12% de Na y 30,38% de O.
15. El oligisto.
16. El nitrato sódico.
17. 5 g de Ca, 1,5 g de C y 6 g de O.
18. Na_2HPO_3
19. $CaCO_3$
20. PbO_2 y Pb_3O_4
21. N_2O_3
22. C_6H_6
23. 274,28 l.
24. a) 41,6 g; b) 13,12 l; c) 11,603 g.
25. a) 158 g; b) 33,3 l.
26. 682,92 l.

27. a) El agua, sobran 2,3 g de Na; b) 8,96 l.

28. El H_2SO_4, sobran 2,8 g.

29. a) 1,2 moles; b) 1,5 moles.

30. 0,2 M.

31. a) 15,8 g; b) 7,11 g.

32. 1,31%.

33. 0,04 M.

34. 23,4 g.

35. 2,04 M.

36. 0,15 M.

37. 36 g.

38. 0,027 M.

39. 273,97 cm^3.

40. 25 cm^3.

41. 0,25 N.

42. 0,1 N.

43. a) 1 M; b) 3 N.

44. 0,03 moles y 4,44 g.

45. 5,727 g.

46. 4,72 N.

47. 5,64 M.

48. 0,25 m.

49. $x_s = 0,818$, $x_d = 0,182$.

50. Glicerina: 0,0417; alcohol metílico: 0,0567; agua: 0,9016.

51. a) 0,1 l = 100 cm^3; b) 1,344 l = 1 344 cm^3.

52. 2 M.

53. 0,3 M.

54. 50 cm^3.

Tema **2**

Estructura atómica de la materia

Introducción

1. Partículas elementales. Modelo atómico de Rutherford
- 1.1. Partículas elementales
- 1.2. Modelo atómico de Rutherford

2. Modelo atómico de Bohr-Sommerfeld

3. Modelo mecano-cuántico. Concepto de orbital. Números cuánticos
- 3.1. Modelo mecano-cuántico. Concepto de orbital
- 3.2. Números cuánticos

CUESTIONES
SOLUCIÓN A LAS CUESTIONES

Introducción

A lo largo del siglo XIX y principios del XX, se fueron conociendo una serie de hechos que dejaron anticuado el concepto de átomo postulado por Dalton en su «teoría atómica», es decir, su carácter de partícula indivisible e inalterable.

Entre estos hechos destacan los siguientes:

- Los fenómenos de electrización de la materia y las experiencias realizadas por Faraday en 1830 referentes a los fenómenos de electrólisis (reacciones químicas provocadas por la corriente eléctrica), que permitieron deducir la existencia de una relación entre la materia y la electricidad.
- El descubrimiento de la radiactividad en 1896 por Becquerel.
- El descubrimiento del electrón en 1897 por Thomson.
- El descubrimiento del protón en 1906 por Wien y Thomson.
- El descubrimiento del neutrón en 1932 por Chadwick.

Quedaba, por tanto, demostrado experimentalmente que el átomo no era indivisible, sino que estaba constituido por tres partículas fundamentales: el electrón, el protón y el neutrón.

Los primeros **modelos atómicos** ideados para explicar la distribución de estos corpúsculos aparecen a principios del siglo XX, y fueron evolucionando a medida que se iban acumulando conocimientos sobre esta materia, aunque todos ellos parten de la base común de que los átomos son eléctricamente neutros.

1. Partículas elementales. Modelo atómico de Rutherford

1.1. Partículas elementales

Los átomos están constituidos fundamentalmente por tres tipos de partículas: electrones, protones y neutrones.

- El **electrón** (e) es una partícula elemental cargada de electricidad negativa; su carga eléctrica es $-1{,}602 \cdot 10^{-19}$C y su masa $9{,}108 \cdot 10^{-31}$ kg, equivalente a 0,000 548 uma.
- El **protón** (p) es una partícula elemental cargada de electricidad positiva, su carga eléctrica es igual a la del electrón pero de signo positivo, es decir, $1{,}602 \cdot 10^{-19}$C y su masa es $1{,}672\,4 \cdot 10^{-27}$ kg, equivalente a 1,007 59 uma, o sea, unas 1 840 veces mayor que la masa del electrón.
- El **neutrón** (n) es una partícula elemental carente de carga eléctrica; su masa es $1{,}675 \cdot 10^{-27}$ kg, equivalente a 1,008 998 uma, o sea, prácticamente igual a la masa de protón.

En el esquema 2.1 mostramos una tabla con las principales características de estas partículas.

En el átomo, los protones y los neutrones ocupan un espacio reducido en el centro del átomo constituyendo el **núcleo** del mismo. Los electrones se mueven en la **corteza**, que es la región que rodea al núcleo y que delimita el exterior del átomo.

	SÍMBOLO	CARGA ELÉCTRICA	MASA
ELECTRÓN	e	Negativa (e^-) $e^- = -p^+$	Prácticamente despreciable
PROTÓN	p	Positiva (p^+) $p^+ = -e^-$	1 uma
NEUTRÓN	n	No tiene	1 uma

ESQUEMA 2.1. *Partículas elementales del átomo.*

El radio del núcleo es unas 100 000 veces más pequeño que el radio del átomo, es decir, si pudiéramos ampliar un átomo hasta que su núcleo tuviese el tamaño de una esfera de un centímetro de radio, su corteza se extendería un kilómetro alrededor del núcleo (el átomo tendría el tamaño de una esfera de 1 km de radio). Por lo que podemos decir que el átomo está prácticamente vacío, la corteza que constituye casi totalmente el volumen del átomo, está ocupada únicamente por un número pequeño de partículas materiales, los electrones.

Desde el punto de vista eléctrico nos encontramos que el núcleo presenta carga positiva y la corteza carga negativa. Ambas cargas son iguales en valor absoluto, por lo que el átomo es neutro (nº de protones = = nº de electrones).

Desde el punto de vista másico, en el núcleo reside prácticamente la totalidad de la masa del átomo, ya que la masa de los electrones es despreciable frente a la masa de los protones y de los neutrones. (Esquema 2.2).

		PARTÍCULAS	CARGA ELÉCTRICA	MASA	VOLUMEN
ÁTOMO	NÚCLEO	Protones y neutrones	Positiva. De igual valor absoluto que la corteza	Prácticamente igual a la del átomo	Despreciable
	CORTEZA	Electrones	Negativa. De igual valor absoluto que el núcleo	Despreciable	Prácticamente igual al del átomo

ESQUEMA 2.2. *Características del núcleo y de la corteza del átomo.*

Un átomo de un elemento se distingue del de otro elemento, en el número de protones que tiene en su núcleo.

Al disponer los elementos ordenados del más ligero al más pesado, se observa que al pasar de uno al siguiente, el número de protones (y, por tanto, el de electrones) aumenta en una unidad. Así, el elemento más ligero, el hidrógeno, tiene un protón; el siguiente, el helio, tiene dos protones; el inmediato, el litio, tiene tres protones, etc. De este modo, el número que indica el orden del elemento, llamado **número atómico**, coincide con el número de protones que tiene un átomo del mismo.

Número atómico (Z)=nº de protones

El número atómico caracteriza a los elementos químicos. Así, por ejemplo, todo átomo con tres protones (Z=3) es de litio, independientemente del número de las otras partículas (electrones y neutrones).

Los átomos de un mismo elemento pueden diferir en el número de neutrones y, por tanto, en su masa atómica. Cada una de las variedades de átomos que presenta un elemento se dice que es un isótopo del mismo.

Las partículas del átomo que tienen una masa apreciable son los protones y los neutrones; por ello, al número total de estas partículas contenidas en un átomo se le denomina **número másico**.

Número másico (A)=nº de protones (Z)+nº de neutrones (N)

$$A=Z+N$$

Isótopos son, pues, átomos que poseen el mismo número de protones (igual número atómico), pero distinto número de neutrones y, por tanto, distinto número másico.

Ejemplo: se conocen dos isótopos del litio, la constitución de los átomos de uno y otro es la siguiente:

- Primer isótopo: 3 protones, 3 neutrones y 3 electrones
- Segundo isótopo: 3 protones, 4 neutrones y 3 electrones

Los números atómicos y másicos de uno y otro isótopo son:

- Primer isótopo: Z = 3; A = 6
- Segundo isótopo: Z = 3, A = 7

Ambos tipos de átomos pertenecen al mismo elemento químico, litio, pues tienen el mismo número atómico, pero sus masas atómicas son diferentes, ya que tienen números másicos diferentes.

Los diferentes isótopos de un elemento se simbolizan con el símbolo químico del elemento a que pertenecen, al cual se le pone como superíndice el número másico del isótopo correspondiente. Así, los isótopos del litio se simbolizan: ^{6}Li y ^{7}Li.

Aunque, generalmente, los átomos son eléctricamente neutros por contener el mismo número de electrones que de protones, en determinadas circunstancias pueden presentar carga eléctrica debido a la pérdida o a la captación de electrones.

Los átomos que presentan carga eléctrica se denominan **iones**. En relación con el signo de su carga, se distinguen dos tipos de iones: **cationes** si la carga eléctrica es positiva (debido a la pérdida de electrones), y **aniones**, si presentan carga negativa (debido a la captación de electrones).

Los iones se simbolizan mediante el símbolo químico del elemento al que pertenecen, al que se le pone un superíndice formado por un número (que indica el número de electrones en defecto o en exceso), si éste es uno se omite, seguido del signo «+» o del signo «–», según se trate de un catión o un anión, respectivamente.

Ejemplos:

- Ca^{2+} es un ion, concretamente un catión, tiene 20 protones (ya que el número atómico del calcio es 20) y 18 electrones (ya que el átomo ha perdido dos electrones como indica el superíndice).
- Cl^- es un ion, concretamente un anión, tiene 17 protones (el número atómico del cloro es 17) y 18 electrones (pues el átomo ha captado un electrón, como indica el superíndice).

1.2. Modelo atómico de Rutherford

Con el fin de determinar la distribución de la masa y de la carga en el átomo, Rutherford realizó en 1909 una experiencia que consistió en bombardear una fina lámina de oro (pan de oro) con un haz de partículas alfa (α), procedentes de una muestra radiactiva de polonio. (Las partículas α son núcleos de átomos de helio, por lo que tienen carga eléctrica positiva).

La mayoría de las partículas α atravesaban la lámina de oro sin sufrir desviación, muy pocas experimentaban desviaciones apreciables, y de éstas solamente unas cuantas sufrían una desviación mayor de 90º (salían rebotadas) (figura 2.1).

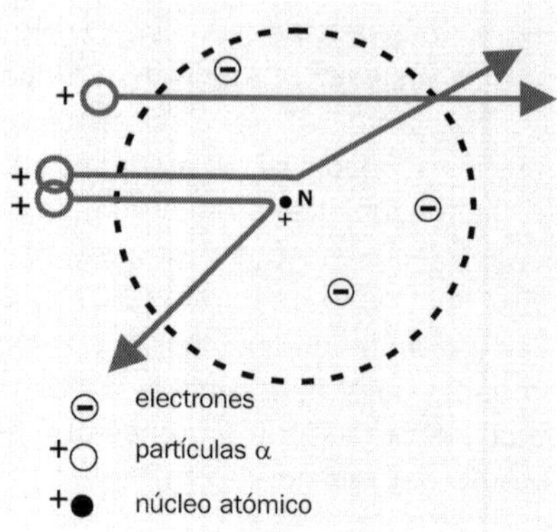

FIGURA 2.1. *Experiencia de Rutherford.*

Las conclusiones que se derivan de esta experiencia llevaron a Rutherford a concebir el átomo constituido por un **núcleo**, donde están reunidas todas las cargas positivas y casi toda la masa del átomo; y una **corteza**, donde están los electrones girando alrededor del núcleo, para impedir que, debido a la atracción electrostática, se precipiten sobre él. Entre el núcleo y la corteza hay un espacio vacío.

2. Modelo atómico de Bohr-Sommerfeld

En 1913 Bohr elaboró un modelo atómico que ofrecía una descripción de la estructura electrónica del átomo, es decir, la forma en la que están distribuidos los electrones en el átomo.

Partiendo del modelo de Rutherford, Bohr aplicó la «teoría cuántica de Planck» al movimiento del electrón en el átomo de hidrógeno. Planck en 1900 había llegado a la conclusión de que la energía no es divisible indefinidamente, sino que existen últimas porciones de energía a las que llamó «cuantos»; por esta razón, la energía emitida o absorbida por un cuerpo sólo puede ser un número entero de cuantos.

Bohr propuso que el átomo estaba cuantizado, es decir, el electrón en su movimiento alrededor del núcleo sólo podía tener ciertas cantidades de energía permitidas. Esto implica que el electrón no puede girar a cualquier distancia alrededor del núcleo, sino en ciertas órbitas solamente; todas las demás órbitas les serán prohibidas.

El modelo atómico de Bohr está basado en los tres postulados siguientes («postulados de Bohr»):

1. Un electrón en un átomo no puede moverse alrededor del núcleo por cualquier trayectoria, solamente puede hacerlo en ciertas órbitas circulares, a cada una de las cuales corresponde una energía fija y determinada.
2. Cuando un electrón gira en una de las órbitas posibles no absorbe ni emite energía.
3. Cuando el átomo absorbe energía (por calentamiento, descargas eléctricas, rayos X, etc.) el electrón pasa de una órbita más cercana (de menor energía) a otra más lejana al núcleo (de mayor energía); la diferencia entre las energías de estas órbitas corresponde a la energía absorbida. Cuando el electrón vuelve a su órbita primitiva, emite el exceso de energía mediante un fotón (cuanto de energía luminosa) cuya frecuencia depende de la diferencia de energía de las órbitas.

El modelo atómico de Bohr considera para los átomos conocidos un total de siete **órbitas** permitidas, también denominadas **capas electrónicas**. Cada capa sólo puede tener un número máximo determinado de electrones, este número, para las sucesivas capas, desde la más próxima al núcleo a la más lejana es: 2, 8, 18, 32, 50, 72 y 98. Las tres últimas capas nunca se llegan a completar, pues no existen elementos que tengan el número de electrones necesario para ello.

En la figura 2.2 se representan esquemáticamente, según el modelo de Bohr, el

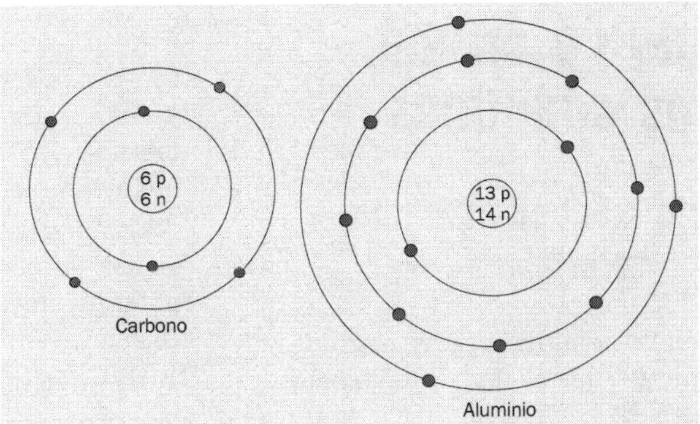

FIGURA 2.2. *Representación esquemática de los átomos de carbono y aluminio según el modelo de Bohr.*

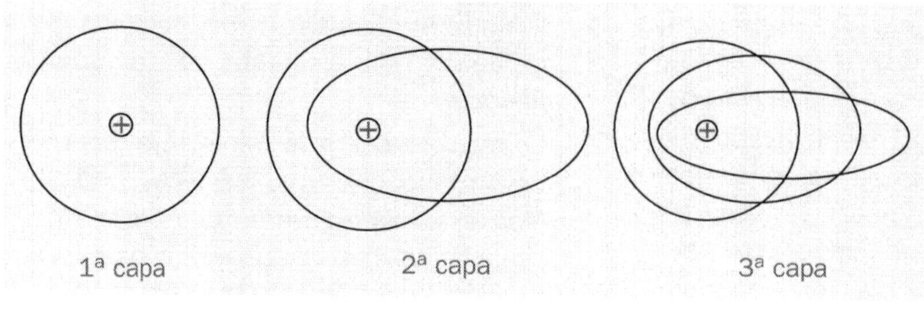

FIGURA 2.3. *Órbitas permitidas en las tres primeras capas electrónicas según el modelo de Sommerfeld.*

átomo de carbono (Z=6) y el de aluminio (Z=13).

En 1915, Sommerfeld modifica ligeramente el modelo atómico propuesto por Bohr, al considerar la posibilidad de que el electrón girara alrededor del núcleo en órbitas elípticas, de las que la órbita circular sería un caso particular (**modelo de Bohr-Sommerfeld**).

Sommerfeld encuentra que sólo en el caso de la primera capa existe una órbita única, pero a cualquier otra capa le corresponde diferentes órbitas. En la figura 2.3 se muestran las distintas órbitas correspondientes a las tres primeras capas electrónicas.

3. Modelo mecano-cuántico. Concepto de orbital. Números cuánticos

3.1. Modelo mecano-cuántico. Concepto de orbital

Este modelo sustituyó al modelo de Bohr-Sommerfeld y es el que actualmente se considera válido.

A comienzos del siglo XX se descubrieron una serie de fenómenos que no podían interpretarse mediante los principios y leyes de la Física clásica. A nivel submicroscópico (moléculas, átomos, partículas atómicas, etc.) la Física clásica dejaba de tener validez, era necesario un replanteamiento global y establecer nuevos principios que pudieran extender su campo de acción al mundo submicroscópico; surgió de esta forma una nueva rama de la Física, la «Mecánica Cuántica», que alcanzaría su consolidación a mediados de los años veinte.

El modelo atómico de Bohr, que era el resultado de una mezcla de tratamiento clásico e hipótesis cuánticas, fue sustituido por otro desligado completamente de las concepciones clásicas, el modelo mecano-cuántico.

El **modelo mecano-cuántico** o **modelo de los orbitales atómicos** se basa en los siguientes principios fundamentales de la Mecánica Cuántica:

- La hipótesis formulada por De Broglie en 1924 («hipótesis de De Broglie») que establece que toda partícula material en movimiento lleva asociada una onda, es decir, atribuye al movimiento de las partículas un carácter ondulatorio. Esta hipótesis supuso el inicio de la Mecánica Cuántica.
- El «principio de indeterminación», también llamado «relación de incertidum-

bre», establecido en 1927 por Heisenberg, afirma que es imposible conocer simultáneamente la posición y la velocidad de un electrón con toda exactitud; esto significa que a medida que aumentamos la precisión de una de las dos magnitudes, disminuye la precisión de la medida de la otra. El hecho de no poder conocer la velocidad y la posición del electrón con precisión implica no poder conocer su trayectoria.

Esto supone una «deslocalización» de la materia a nivel subatómico, incompatible con la idea clásica de partículas de dimensiones perfectamente definidas que siguen trayectorias delimitadas. Por lo que el concepto de órbita carece de sentido.

- La «ecuación de ondas de Schrödinger». El principio de indeterminación evidenciaba la imposibilidad de localizar el electrón y de definir su trayectoria: sólo se podía aspirar a predecir las probabilidades de encontrar el electrón.

  Schrödinger generalizó la hipótesis de De Broglie aplicándola a las partículas ligadas (como es el caso de los electrones en los átomos) obteniendo una ecuación, denominada «ecuación de ondas», cuya solución representa la probabilidad de encontrar la partícula en un lugar e instante determinados.

Al aplicar la ecuación de ondas de Schrödinger al átomo de hidrógeno se obtiene una cuantificación de la energía del electrón en el átomo cuyos valores posibles están delimitados por cuatro **números cuánticos**. La solución de la ecuación para cada valor permitido de la energía determina una región del espacio donde queda delimitada la probabilidad de encontrar al electrón; esta región se denomina **orbital atómico** o **nube electrónica**.

El concepto de órbita, por carecer de sentido, es reemplazado por el de orbital. Los orbitales atómicos se suelen representar mediante superficies cerradas, dentro de las cuales existe de un 95 a un 99% de probabilidad de encontrar al electrón.

3.2. Números cuánticos

Los postulados de Bohr, primero, y los principios de la mecánica cuántica, después, nos llevan a establecer que en la corteza atómica solamente son posibles ciertos orbitales y ciertas energías. La energía de cada electrón en el átomo viene determinada por cuatro parámetros denominados **números cuánticos**.

- **Número cuántico principal**

  Se designa por la letra n y puede tomar los valores enteros 1,2,3,... en adelante. Viene a representar el volumen efectivo del orbital electrónico.

- **Número cuántico secundario o azimutal**

  Se designa por la letra l, y para un valor dado de n puede tomar los valores enteros desde 0 hasta n-1. Actualmente los valores 0,1,2,3,... del número cuántico l se representan con las letras s, p, d, f,...

  Este número determina la forma de la región donde se mueve el electrón.

- **Número cuántico magnético**

  Se designa por la letra m, y dado un valor de l, puede tomar los valores enteros desde -l a l, incluido el valor 0. Determina la orientación de un orbital determinado según una determinada dirección. Los orbitales s (l = 0) tienen forma esférica (figura 2.4) por lo que su orientación en el espacio es única (m = 0).

Los orbitales p (l = 1) corresponden a dos lóbulos tangentes situados sobre un mismo eje (figura 2.4), que puede presentar tres orientaciones diferentes (m = –1, m = 0, m = 1), determinadas por las direcciones de los ejes de un sistema de coordenadas cartesiano.

Los orbitales d (l = 2) pueden presentar cinco orientaciones diferentes (m = –2, m = –1, m = 0, m = 1, m = 2). De los cinco posibles orbitales d, cuatro de ellos tienen forma de cuatro lóbulos orientados sobre los ejes de coordenadas formando ángulos de 90º; y el quinto, tiene forma de dos lóbulos con un anillo en el centro que los rodea (figura 2.4).

– **Número cuántico de espín**

Por otra parte el electrón en su movimiento gira alrededor de sí mismo comportándose como un pequeño imán. Este comportamiento magnético del electrón recibe el nombre de espín.

Debido a que el electrón puede girar alrededor de sí mismo en dos sentidos posibles según un eje arbitrario, es necesario determinar para cada electrón cuál va a ser su sentido de giro. Esto se consigue mediante el llamado **número cuántico de espín**, s, que sólo puede tomar los valores +1/2 y –1/2.

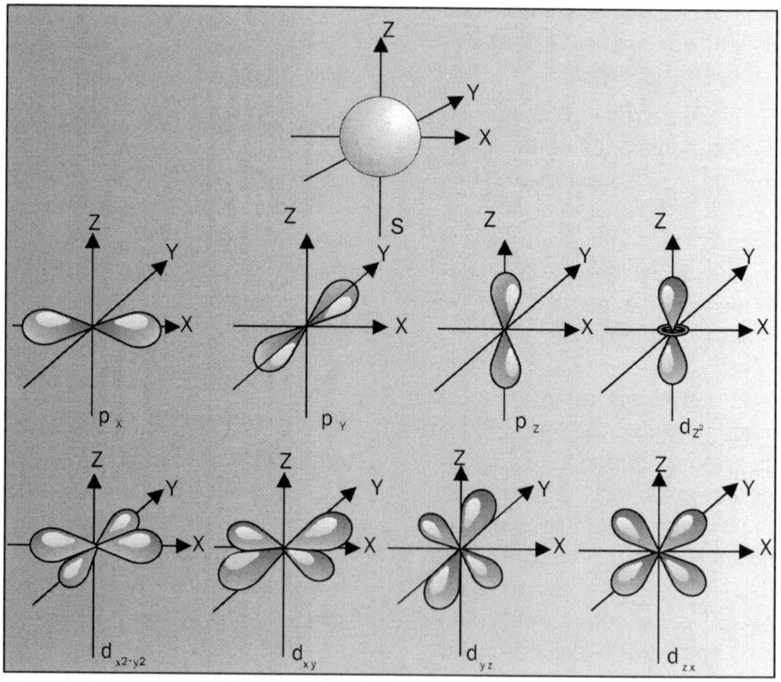

FIGURA 2.4. *Orbitales atómicos: «s», «p» y «d».*

Los tres primeros números cuánticos (n, l, m) determinan el orbital, y el cuarto define a cada uno de los electrones que ocupan el orbital. Como el número cuántico de espín puede tomar dos valores diferentes, en cada orbital puede haber un máximo de dos electrones. Los valores que pueden tomar los números cuánticos y el número de electrones correspondiente a cada tipo de orbital se resumen en los esquemas 2.3 y 2.4, respectivamente.

Nº cuántico	Valores
principal n	1, 2, 3, ..., ∞
secundario l	para un valor de n 0, 1, 2, ..., (n −1)
magnético m	para un valor de l −l, ..., −1, 0, 1, ..., l
espín s	$+\frac{1}{2}; -\frac{1}{2}$

ESQUEMA 2.3. *Valores que pueden tomar los números cuánticos.*

Tipo de orbital	Números cuánticos del orbital	Total de orbitales	Numero máximo de electrones
l = 0 (s)	m = 0	1	2
l = 1 (p)	m = -1, 0, 1	3	6
l = 2 (d)	m = -2, -1, 0, 1, 2	5	10
l = 3 (f)	m = -3, -2, -1, 0, 1, 2, 3	7	14

ESQUEMA 2.4. *Números cuánticos y tipos de orbitales.*

CUESTIONES

1. Un átomo neutro de uranio tiene de número atómico Z = 92 y de número másico A = 238. Determinar la estructura atómica del mismo (número de protones, de neutrones y de electrones).

2. Un átomo de un elemento tiene 44 neutrones, y su número másico es 79. ¿Cuál es su número atómico?

3. El número atómico y el número másico de uno de los isótopos del carbono son, respectivamente 6 y 12. ¿Puede existir un isótopo del carbono que tenga 5 protones? Razona la respuesta.

4. Escribir la fórmula de los iones que resultan en los siguientes casos, indicando en cada uno si se trata de un catión o de un anión:

   a) Un átomo de yodo al captar un electrón.

   b) Un átomo de cobre al perder dos electrones.

   c) Un átomo de oxígeno al capturar dos electrones.

   d) Un átomo de plata al perder un electrón.

5. Indicar el número de electrones, y si éstos han de ser ganados o perdidos por los correspondientes átomos neutros, para que resulten los siguientes iones:

   a) Fe^{3+} (ion hierro (III)).

   b) F^- (ion fluoruro).

   c) K^+ (ion potasio).

   d) S^{2-} (ion sulfuro).

6. El número atómico del manganeso es 25. Determinar la estructura atómica del ion manganeso (III), Mn^{3+}, si su número másico es 55.

7. El número atómico del bromo es 35. Determinar la estructura atómica del ion bromuro (Br^-), si su número másico es 79.

SOLUCIÓN A LAS CUESTIONES

1. 92 protones, 146 neutrones y 92 electrones.
2. 35.
3. No. Todos los isótopos del carbono tienen 6 protones, pues el número de protones, es decir, el número atómico es característico del elemento químico: todos los átomos de carbono tienen 6 protones.
4. a) I^-, anión; b) Cu^{2+}, catión; c) O^{2-}, anión; d) Ag^+, catión.
5. a) Tres electrones perdidos; b) Un electrón ganado; c) Un electrón perdido; d) Dos electrones ganados.
6. 25 protones, 30 neutrones y 22 electrones.
7. 35 protones, 44 neutrones y 36 electrones.

Tema 3

Sistema Periódico

Introducción

Los trabajos de Lavoisier, Dalton, Avogadro, etc., establecieron las bases de la Química moderna que durante el siglo XIX experimentó un notable avance, tanto en el descubrimiento de nuevos elementos químicos, como en la determinación más precisa de sus propiedades físicas y químicas. A medida que se producían estos avances, los científicos de la época trataron de encontrar relaciones entre los diferentes elementos químicos con el fin de establecer una clasificación de los mismos que mostrara las semejanzas y diferencias de comportamiento.

Entre los diversos intentos de clasificación que se realizaron, el único que tuvo éxito fue el de Mendeleiev, que en 1871 agrupó a todos los elementos químicos entonces conocidos según orden creciente de su masa atómica, colocándolos de forma que quedaran en una misma columna los elementos que tuvieran las mismas propiedades; para ello tuvo que dejar algunos huecos en los que no encajaba ninguno de los elementos conocidos. Mendeleiev propuso que tales huecos correspondían a elementos no conocidos todavía y se fijó especialmente en tres de ellos, prediciendo algunas de sus propiedades en función de las que presentaban los elementos situados encima y debajo de cada hueco. Pocos años después fueron descubiertos estos elementos y sus propiedades coincidían con las predichas por Mendeleiev.

La tabla periódica de Mendeleiev presentaba varios defectos ya que algunas parejas (Co-Ni y Te-I), había que colocarlas en orden inverso al creciente de sus masas atómicas, para que quedasen en las columnas correctas. Estos defectos fueron subsanados cuando se tomó como criterio de ordenación el número atómico en lugar de la masa atómica.

El conocimiento de la estructura electrónica de los diferentes elementos ha proporcionado al Sistema Periódico su plena justificación, pues la relación existente entre dicha estructura y la posición que ocupa el elemento permite explicar: las propiedades similares que presentan los elementos de una misma columna (grupo), la longitud de las filas (periodos), y las variaciones de las propiedades de los elementos, tanto verticalmente (entre elementos de un mismo grupo), como horizontalmente (entre elementos de un mismo periodo).

1. Estructura electrónica de los átomos polielectrónicos

La **estructura electrónica** o **configuración electrónica** de un elemento es la distribución de los electrones de un átomo de dicho elemento en los orbitales correspondientes a los diferentes niveles y subniveles energéticos.

Cada nivel energético está caracterizado por un valor determinado del número cuántico principal (n), y consta de tantos subniveles como valores pueda tomar el número cuántico secundario (l). Así:

- Si n = 1, el único valor que puede tomar l es 0. Luego el nivel 1 está constituido por un subnivel, correspondiendo al orbital s (l = 0).
- Si n = 2, l puede tomar los valores 0 y 1. Luego el nivel 2 está formado por dos subniveles, uno corresponde a un orbital s (l = 0) y el otro a tres orbitales p (l = 1).
- Si n = 3, l toma los valores 0, 1 y 2. El nivel 3 consta de tres subniveles, correspondientes a un orbital s (l = 0),

tres orbitales p (l = 1) y cinco orbitales d (l = 2).

- Si n = 4, l toma los valores 0, 1, 2 y 3. El nivel 4 tiene cuatro subniveles, correspondientes a un orbital s (l = 0), tres orbitales p (l = 1), cinco orbitales d (l = 2) y siete orbitales f (l = 3). Etc.

1.1. Principio de exclusión de Pauli

Este principio afirma que en un mismo átomo no puede haber dos electrones con los cuatro valores de los números cuánticos iguales.

Como consecuencia inmediata del principio de exclusión se deduce que, en un mismo orbital (caracterizado por unos valores determinados de n, l, m), sólo podrán coincidir dos electrones con valores de espín contrarios.

1.2. Principio de construcción

Los electrones, al distribuirse en la corteza, van ocupando sucesivamente los orbitales en orden creciente de energía, teniendo en cuenta que cada orbital solamente puede estar ocupado por dos electrones que se han de diferenciar en el espín.

En el átomo de hidrógeno que posee un electrón, la energía de los distintos orbitales crece con el nivel energético; sin embargo, en los átomos polielectrónicos (con más de un electrón) no ocurre así, debido a la interacción múltiple de cada electrón con el núcleo y con los demás electrones.

El orden de energía creciente de los orbitales de los átomos polielectrónicos es:

1s, 2s, 2p, 3s, 3p, 4s, 3d, 4p, 5s, 4d, 5p, 6s, 4f, 5d, 6p, 7s, 5f, 6d, 7p,...

Este orden puede deducirse teniendo en cuenta que dados varios orbitales, el de menor energía es aquel cuya suma de números cuánticos n + l sea menor, y si dicha suma coincide, le corresponde una energía menor al menor valor del número cuántico n. O más sencillo resulta seguir las flechas, comenzando por la de arriba, en el siguiente esquema:

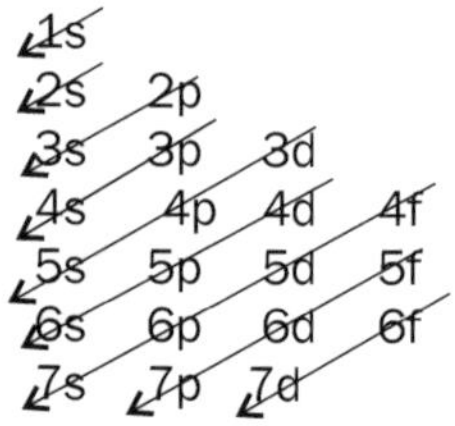

Al escribir la configuración electrónica de un elemento los subniveles se expresan ordenados por niveles energéticos, es decir, 1s 2sp 3spd 4spdf... El número de electrones que hay en cada subnivel se indica poniéndolo como superíndice a la derecha del símbolo de ese subnivel; así un subnivel s podrá estar ocupado por uno o dos electrones, lo que se representa respectivamente por s^1 o s^2.

Al distribuir los electrones en los distintos subniveles hay que tener en cuenta que hasta que no estén completos todos los orbitales de un subnivel no se empiezan a ocupar los orbitales del siguiente subnivel, y que el número de electrones que completa cada uno de los tipos de subniveles es: 2 los subniveles s, ya que constan de un solo orbital s; 6 los subniveles p correspondientes a sus tres orbitales p; 10 los subniveles d (cinco orbitales d); 14 los subniveles f (siete orbitales f).

Ejemplo: escribir la configuración electrónica del tecnecio (Tc) cuyo número atómico es 43 (Z = 43): El átomo de tecnecio tiene 43 electrones, ya que el número atómico indica el número de protones y también el de electrones, (pues los átomos son eléctricamente neutros). Distribuimos los 43 electrones llenando los orbitales de los subniveles en orden creciente de energía, con lo que se obtiene:

$1s^2\ 2s^2\ 2p^6\ 3s^2\ 3p^6\ 4s^2\ 3d^{10}\ 4p^6\ 5s^2\ 4d^5$

Obsérvese que el último subnivel (4d) quedaría incompleto, ya que para llenar los subniveles anteriores es necesario un total de 38 electrones, quedando únicamente 5 electrones para ocupar el subnivel 4d.

Ordenados los subniveles por niveles queda:

$1s^2\quad 2s^2\ p^6\quad 3s^2\ p^6\ d^{10}\quad 4s^2\ p^6\ d^5\quad 5s^2$

1.3. Principio de máxima multiplicidad de Hund

En los subniveles que poseen más de un orbital, como es el caso de los subniveles p, d y f (que tienen, respectivamente, tres, cinco y siete orbitales), el orden de ocupación de los mismos sigue el «principio de multiplicidad» o «de Hund», que establece:

> «Cuando en un subnivel existen varios orbitales (orbitales degenerados), estos son primeramente semiocupados (con un electrón) manteniendo sus espines paralelos, y el emparejamiento de electrones no empieza hasta que todos los orbitales estén semiocupados».

Para aplicar adecuadamente el principio de Hund se suelen diferenciar los tres orbitales p según la orientación en el espacio en p_x, p_y, p_z; la distinción de los orbitales d y f tiene menos importancia en química por lo que suele prescindirse de ella.

Ejemplo: Las configuraciones electrónicas del boro, carbono y nitrógeno, cuyos números atómicos son respectivamente 5, 6 y 7 son:

B: $1s^2\quad 2s^2\ p_x^1\ p_y^0\ p_z^0$

C: $1s^2\quad 2s^2\ p_x^1\ p_y^1\ p_z^0$

N: $1s^2\quad 2s^2\ p_x^1\ p_y^1\ p_z^1$

Vemos que el nitrógeno tiene todos los orbitales p semiocupados, a partir del siguiente elemento, el oxígeno (Z = 8), empieza el emparejamiento de electrones, así las configuraciones electrónicas del oxígeno, flúor (Z = 9) y neón (Z = 10) son:

O : $1s^2\quad 2s^2\ p_x^2\ p_y^1\ p_z^1$

F : $1s^2\quad 2s^2\ p_x^2\ p_y^2\ p_z^1$

Ne: $1s^2\quad 2s^2\ p_x^2\ p_y^2\ p_z^2$

La configuración electrónica puede expresarse más gráficamente mediante la utilización de celdas para indicar los orbitales atómicos y flechas para indicar los electrones (flechas con el mismo sentido indican electrones con espines paralelos, y con sentido contrario representan electrones con espines antiparalelos) (figura 3.1.).

NOTA: Algunos elementos presentan anomalías en su configuración electrónica, es decir, tienen una configuración electrónica diferente a la que se obtendría al distribuir sus electrones en el orden debido. Las anomalías más generales que se observan se basan en el principio de que las estructuras en la que todos los orbitales p o d de un mismo subnivel están semiocupados o llenos por completo tienen una mayor estabilidad.

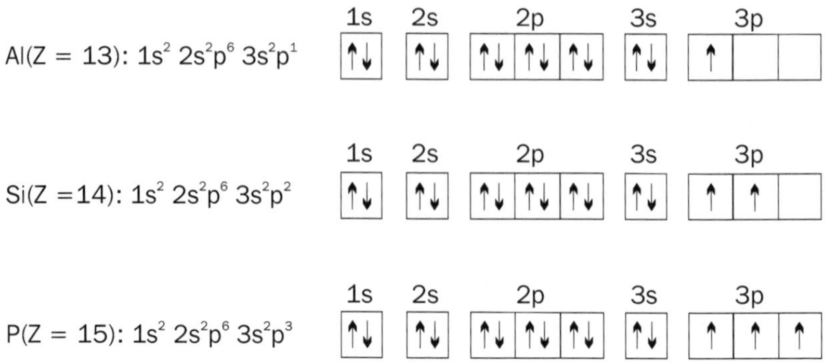

FIGURA 3.1. *Configuración electrónica del aluminio, silicio y fósforo, y su representación en celdas.*

Así por ejemplo:

- La configuración electrónica del cromo es $1s^2\ 2s^2\ p^6\ 3s^2\ p^6\ d^5\ 4s^1$ en lugar de $1s^2\ 2s^2\ p^6\ 3s^2\ p^6\ d^4\ 4s^2$, debido a que existe una promoción de un electrón del subnivel 4s al 3d con el fin de semiocupar todos los orbitales de este subnivel.
- La configuración electrónica del cobre es $1s^2\ 2s^2\ p^6\ 3s^2\ p^6\ d^{10}\ 4s^1$ en vez de $1s^2\ 2s^2\ p^6\ 3s^2\ p^6\ d^9\ 4s^2$, en este caso la promoción del electrón del subnivel 4s al 3d se hace para completar todos los orbitales de este subnivel.

2. Clasificación periódica de los elementos

El **Sistema Periódico de los Elementos** es la ordenación de todos los elementos químicos conocidos según el orden creciente de su número atómico. Se representa mediante una tabla, llamada **Tabla Periódica**, en la que los elementos se encuentran agrupados de tal forma que pueden apreciarse fácilmente los grupos de comportamiento químico parecido.

2.1. Tabla Periódica

Desde la primitiva tabla de Mendeleiev ha habido una gran variedad de formas propuestas para la «Tabla Periódica», de ellas la única que ha sido ampliamente aceptada es la debida a Werner y Paneth, que en el esquema 3.1 mostramos actualizada, pues incluye todos los elementos químicos conocidos hasta la fecha.

En la tabla se observa una línea quebrada que, partiendo del boro (Z = 5), divide la tabla en dos partes desiguales. Los elementos situados a la izquierda de dicha línea son los **metales**, y los situados a la derecha, los **no metales**; los elementos fronterizos entre unos y otros (próximos a la línea quebrada) tienen un carácter intermedio entre metálico y no metálico.

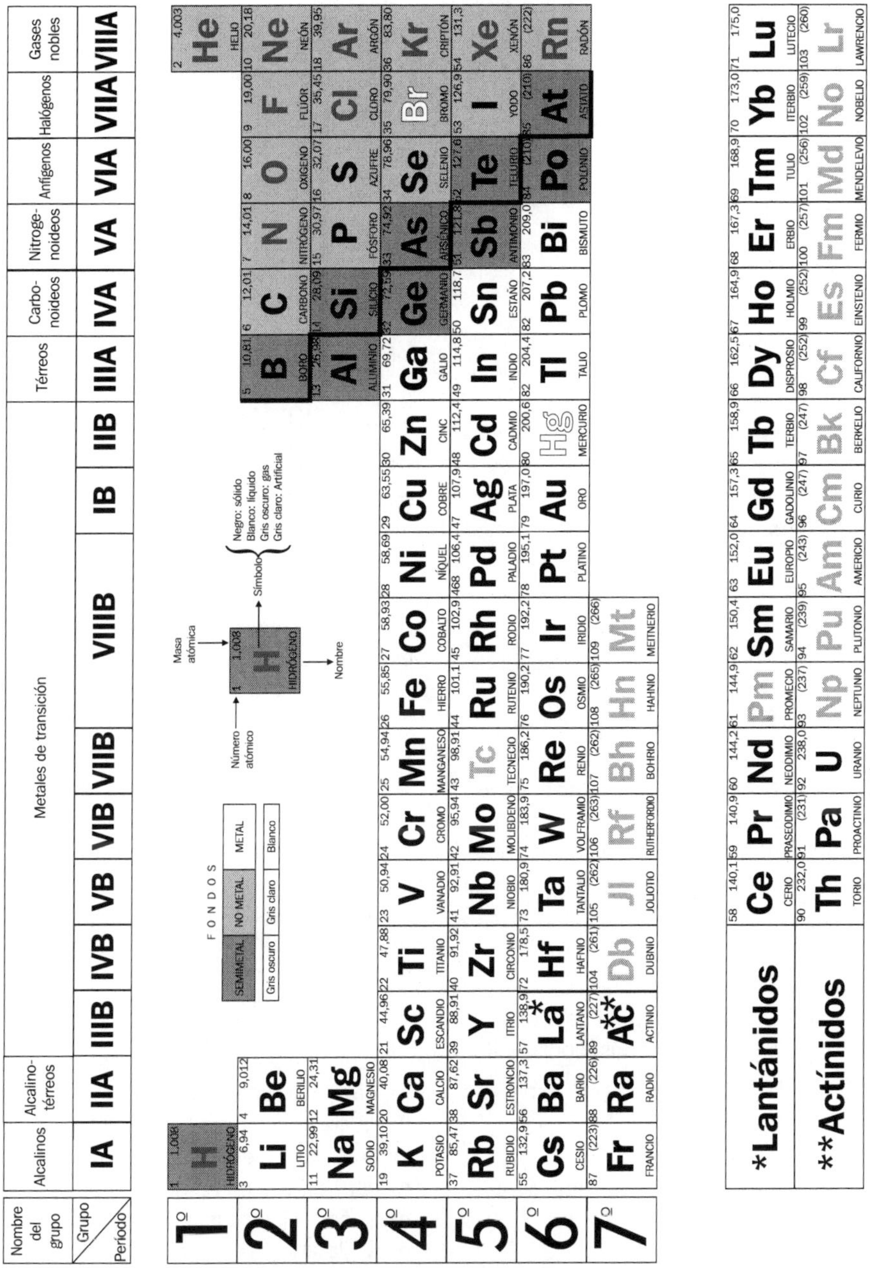

ESQUEMA 3.1 *Tabla Periódica.*

Los elementos de propiedades parecidas se hallan en la misma columna vertical constituyendo un **grupo** o **familia**. Los elementos de la misma fila horizontal forman un **periodo**.

Existen dieciséis grupos, ocho de ellos anotados con un número romano seguido de una A, y los otros ocho de igual manera pero con una B en lugar de una A.

Los grupos A, situados a ambos extremos, están constituidos por los llamados **elementos representativos** (grupos I A al VII A) y los **gases nobles** (grupo VIII A o grupo 0). Los grupos B, situados en el centro de la tabla, están formados por los **metales de transición**; el grupo VIII B está constituido por «tríadas» de elementos, es decir, por tres columnas.

Los grupos de los elementos representativos reciben cada uno denominaciones específicas: los elementos del grupo I A, excluyendo el hidrógeno, son los metales **alcalinos**; los del II A, metales **alcalinotérreos**; los del III A, metales **térreos**; los del IV A se llaman **carbonoideos**; los del V A, **nitrogenoideos**; los del VI A, **anfígenos**; y los del VII A, **halógenos**.

Existen siete periodos que se anotan mediante un número ordinal. Los periodos 1º, 2º y 3º, son los «periodos cortos», los restantes son «periodos largos», de los cuales el 7º está «incompleto».

Los periodos, excepto el primero, empiezan siempre con un metal alcalino (I A) y terminan con un halógeno (VII A) seguido de un gas noble (VIII A), que es el que cierra el periodo.

Hay que hacer notar que en el 6º periodo existen una serie de elementos que han de sacarse fuera de la tabla, porque por sus propiedades deberían ocupar todos el mismo puesto que ocupa el lantano (Z=57); por esto se les llama elementos **lantánidos.** Igual ocurre en el 7º periodo con los elementos **actínidos**, que deberían ocupar la misma casilla del actinio (Z = 89). Tanto los lantánidos como los actínidos reciben la denominación común de **elementos de transición interna.**

2.2. Relación de la estructura electrónica de los elementos con la Tabla Periódica

La configuración electrónica de las capas electrónicas más externas (con mayor número cuántico principal) de los elementos químicos varía periódicamente, de manera que los elementos que tienen una configuración electrónica semejante están situados, en la tabla periódica, en una misma columna, excepto los de transición interna: lantánidos y actínidos, que hay que colocarlos aparte. Esto explica las semejanzas en las propiedades químicas de los elementos de un mismo grupo, ya que dependen de su capacidad para formar enlaces y ésta depende del número de electrones de las capas más externas como veremos en el próximo tema.

La configuración electrónica de los elementos químicos situados en una misma fila de la tabla periódica presenta electrones en los mismos niveles, de manera que el número del período corresponde con el del último nivel con electrones. Por ejemplo, el calcio está situado en el 4º período, en el átomo los electrones se distribuyen en los cuatro primeros niveles (Ca: $1s^2$ $2s^2$ p^6 $3s^2$ p^6 $4s^2$).

El orden en el que se distribuyen los electrones en la configuración electrónica de los elementos determina la longitud de los períodos (número de elementos que contienen). Recordemos que dicho orden es el siguiente:

1s, 2s, 2p, 3s, 3p, 4s, 3d, 4p, 5s, 4d, 5p, 6s, 4f, 5d, 6p, 7s, 5f, 6d, 7p, 8s,...

Separados por períodos:

- 1er período: se completa el subnivel 1s con dos electrones por lo que este período comprende dos elementos (H y He).
- 2º período: se completan los subniveles 2s con dos electrones y el 2p con 6; por lo que consta de 8 elementos (2 + 6 = 8).
- 3er período: se completan los subniveles 3s y 3p, por lo que al igual que el anterior consta de 8 elementos.
- 4º período: se completan los subniveles 4s (2 electrones), 3d (10 electrones) y 4p (6 electrones), por lo que este período tiene 18 elementos (2 + 10 + 6 = 18).
- 5º período: se completan los subniveles 5s, 4d y 5p, por lo que al igual que el período anterior tiene 18 elementos.
- 6º período: se completan los subniveles 6s (2 electrones), 4f (14 electrones), 5d (10 electrones) y 6p (6 electrones), por lo que este período consta de 32 elementos (2 + 14 + 10 + 6 = 32)). Los actínidos se incluyen en este período.
- 7º período: se completan los subniveles 7s, 5f, 6d y 7p; al igual que el anterior debería tener 32 elementos, pero el número de elementos conocidos hasta la fecha es insuficiente para completar este período.

Atendiendo a las características de la configuración electrónica de las capas más externas, los elementos químicos se pueden clasificar en cuatro tipos diferentes:

- **Gases nobles**: Presentan siempre capas electrónicas completas; esto es: ocupadas por el número máximo posible de electrones. Salvo el helio que por sólo tener un nivel energético posee dos electrones; los demás gases nobles tienen todos 8 electrones en la última capa. La estructura de esta última capa es del tipo ns^2 np^6 (n igual período al que pertenece el elemento).
- **Elementos representativos**: Tienen completas todas las capas electrónicas excepto la última, que está parcialmente ocupada. La estructura electrónica de esta última capa varía desde ns^1 hasta ns^2 np^5.
- **Elementos de transición**: Se caracterizan porque no sólo está incompleta la capa electrónica más externa, sino también la inmediata anterior. Las configuraciones de los elementos de transición varían desde $(n\text{-}1)d^1$ ns^2 hasta $(n\text{-}1)d^{10}$ ns^2, salvo anomalías.
- **Elementos de transición interna**: Son aquellos cuyas tres últimas capas están incompletas. Su estructura electrónica exterior varía desde $(n\text{-}2)f^1(n\text{-}1)s^2p^6ns^2$ hasta $(n\text{-}2)f^{14}$ $(n\text{-}1)s^2p^6ns^2$, salvo anomalías.

3. Propiedades periódicas: volumen atómico, energía de ionización y afinidad electrónica. Electronegatividad

La configuración electrónica de los elementos, como se dijo anteriormente, varía de forma periódica al ir avanzando por la Tabla Periódica; como consecuencia de ello, las propiedades que dependen de dicha configuración también variarán periódicamente. Entre estas propiedades destacamos las siguientes:

■ Volumen atómico

El volumen atómico es el volumen que ocupa un átomo de un elemento; como esta cantidad es muy pequeña, normalmente suele referirse a un mol de átomos, es decir, el volumen que ocupa un mol de átomos de ese elemento.

Al ir avanzando en un grupo de la Tabla Periódica, de arriba hacia abajo, va aumentando el número de niveles energéticos ocupados (capas electrónicas), por la que también aumentará el volumen atómico.

Si en un periodo avanzamos de izquierda a derecha va aumentando el número de electrones que se sitúan en el último nivel o en el anterior, a la vez que crece el número de protones del núcleo, por lo que la fuerza atractiva entre unos y otros irá aumentando y el volumen atómico disminuirá, hasta que lleguemos al centro del periodo; si seguimos avanzando hacia la derecha, el volumen atómico comienza a aumentar como consecuencia de la repulsión entre los electrones que, en número ya considerable, ocupan los últimos niveles. Es decir, al avanzar de izquierda a derecha en un periodo, el volumen atómico disminuye hasta que lleguemos al centro del periodo, donde este volumen es mínimo, a partir de ahí, el volumen atómico vuelve a crecer.

En la figura 3.2 se representa el volumen atómico de los elementos en función de su número atómico; en ella podemos observar que este volumen es máximo para los elementos situados a la izquierda de la Tabla (los metales alcalinos) y mínimo para los situados en el centro.

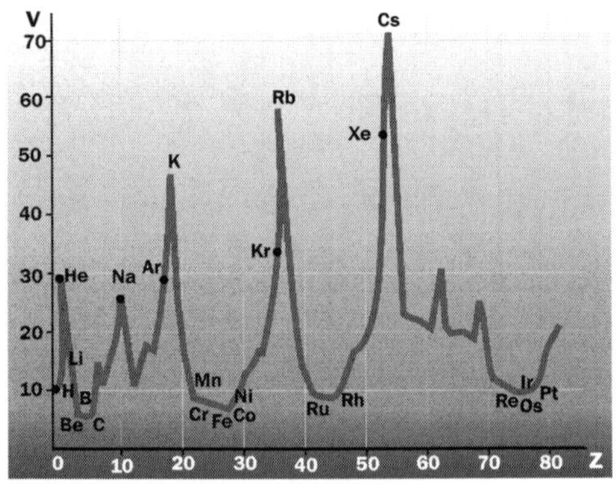

FIGURA 3.2. *Variación del volumen del átomo con el número atómico.*

■ Energía de ionización

Se denomina energía de ionización o potencial de ionización, a la energía mínima necesaria para separar un electrón de un átomo neutro en estado gaseoso (no unido a otros átomos). Frecuentemente esta energía suele referirse a un mol de átomos.

El potencial de ionización es máximo para los gases nobles. Esto es debido a que estos elementos tienen una estructura electrónica estable (8 electrones en el último nivel, o 2 en el caso del helio), y resulta muy difícil arrancar un electrón a sus átomos, por ello, no forman combinaciones con otros elementos, sus átomos no se unen a otros átomos, ni siquiera con ellos mismos (sus moléculas son monoatómicas). Los demás elementos forman combinaciones con objeto de que sus átomos alcancen la estructura de un gas noble, para ello intercambian o comparten electrones, como veremos con más detalle en el próximo tema.

El potencial de ionización es mínimo para los metales alcalinos. Esto es debido, por un lado, a que estos elementos tienen un solo electrón en el último nivel y logran más fácilmente su estabilidad perdiendo este electrón para quedar con la estructura del gas noble que le precede, que ganando 7 electrones para completar el último nivel; por otra parte, la presencia de un mayor volumen atómico en estos metales hace que la atracción del núcleo sobre el electrón del último nivel sea menor.

De lo anterior se deduce que los metales alcalinos y también los alcalinotérreos presentan una gran facilidad a unirse con elementos que ofrezcan gran tendencia a captar electrones dando así origen a los denominados compuestos iónicos.

En la Tabla Periódica los potenciales de ionización aumentan de izquierda a derecha, al avanzar por un periodo; y de abajo arriba en un grupo. En la figura 3.3 se muestra la variación del potencial de ionización en función del número atómico.

Afinidad electrónica

Se denomina afinidad electrónica a la energía liberada por un átomo neutro en estado gaseoso, cuando capta un electrón. Frecuentemente esta energía suele referirse a un mol de átomos.

Los elementos del grupo VII A o halógenos son los de mayor afinidad electrónica, puesto que al tener 7 electrones en el último nivel energético, ofrecen una gran tendencia a captar el electrón que les falta para adquirir la estructura estable del gas noble que les sigue en la Tabla Periódica.

La afinidad electrónica de los metales viene dada, generalmente, por un número negativo, lo cual significa que hay que comunicarle energía al átomo para que acepte el electrón.

Los elementos de los grupos VI A y VII A son los de mayor afinidad electrónica, por lo que fácilmente se unen con los elementos de los grupos I A y II A, que ofrecen una gran tendencia a ceder electrones.

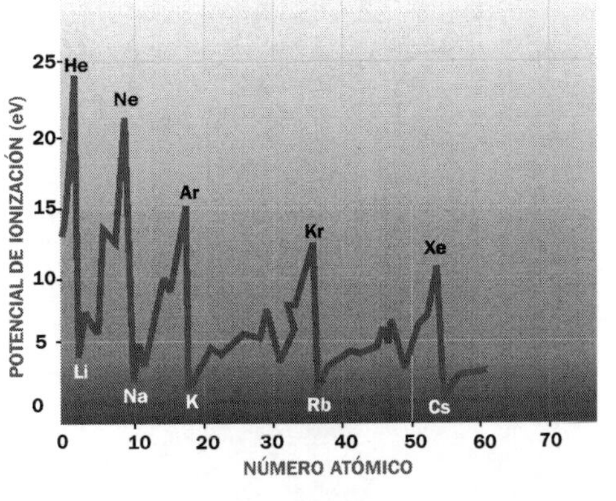

FIGURA 3.3. *Variación del potencial de ionización con el número atómico.*

Al igual que el potencial de ionización, en la Tabla Periódica, la afinidad electrónica aumenta de izquierda a derecha y de abajo arriba.

Electronegatividad

La electronegatividad caracteriza la tendencia de un átomo a atraer electrones al formar un enlace químico. Se define como la capacidad de un elemento para atraer hacia sí los electrones que lo enlazan con otro elemento.

Cuando el potencial de ionización y la afinidad electrónica de un elemento alcanzan valores muy altos, se dice que es muy electronegativo, en caso contrario, que es poco electronegativo (no suele utilizarse el término electropositivo).

Por consiguiente, en la Tabla Periódica, la electronegatividad aumenta de izquierda a derecha y de abajo a arriba.

Tema 4

Enlace químico

Introducción

1. Concepto de enlace químico

2. Enlace iónico. Retículos cristalinos. Energía reticular. Propiedades de los compuestos iónicos
   2.1. Enlace iónico
   2.2. Retículos cristalinos
   2.3. Energía reticular
   2.4. Propiedades de los compuestos iónicos

3. Enlace covalente. Teorías de Lewis y del enlace de valencia. Propiedades de los compuestos covalentes
   3.1. Enlace covalente
   3.2. Teoría de Lewis
   3.3. Teoría del enlace de valencia
   3.4. Hibridación de orbitales
   3.5. Propiedades de los compuestos covalentes

4. Enlace metálico. Propiedades de los metales
   4.1. Enlace metálico
   4.2. Propiedades de los metales

5. Fuerzas de interacción entre moléculas. Interacción por enlace de hidrógeno
   5.1. Enlace por puente de hidrógeno
   5.2. Enlace por fuerzas intermoleculares de Van der Waals

Introducción

Los átomos, generalmente, se encuentran unidos a otros átomos mediante enlaces químicos. La forma de unirse un átomo a otros átomos y el tipo de átomos a los que se puede unir, depende de su configuración electrónica, y determina el comportamiento químico de los elementos.

1. Concepto de enlace químico

Al determinar la constitución de las sustancias puras se encuentra que todas están formadas por agrupaciones de átomos; unas veces forman agregados neutros, las moléculas; y otras resultan con carga, los iones. Solamente los gases nobles y algunos metales en estado de vapor presentan átomos aislados.

La unión entre átomos o iones es lo que constituye el **enlace químico**; esta unión se debe a la acción de fuerzas entre dichos átomos o iones.

En el enlace químico juega un papel decisivo la configuración electrónica del nivel más externo de los átomos, llamado también «nivel de valencia». De esta configuración depende, además, el tipo de enlace que formen.

Los gases nobles, como ya se ha dicho, presentan una configuración electrónica de la máxima estabilidad con los orbitales s y p de valencia ocupados por completo (s^2p^6, o $1s^2$ en el caso del helio).

Los demás elementos tienen incompleto su nivel de valencia y de ahí su mayor o menor reactividad (facilidad para unirse con otros átomos).

En general, cuando se unen dos elementos representativos tienden ambos a alcanzar la estructura de gas noble, bien por captación y cesión de electrones (enlace iónico), o bien compartiendo uno o varios pares de ellos (enlace covalente).

A los elementos de transición no les resulta fácil alcanzar dicha estructura debido a que de los orbitales d, incompletos, habrían de eliminarse o captarse un número excesivo de electrones. Una de las configuraciones más estables en este caso se alcanzará cuando los orbitales d están semillenos con cinco electrones.

Sean unas u otras configuraciones, la formación espontánea de un enlace es una manifestación de la tendencia de cada átomo a alcanzar la ordenación electrónica más estable posible. Es decir, la molécula formada representa un estado de menor energía que los átomos aislados.

Al considerarse el enlace químico como la acción de una fuerza que mantiene unidos a dos o más átomos o iones, se ha puesto de manifiesto la existencia de muchos tipos de fuerzas que originan enlaces químicos diferentes; los enlaces iónicos y covalentes son los tipos más frecuentes pero no los únicos.

Los principales tipos de enlaces químicos pueden clasificarse en los siguientes grupos:

A) Enlaces y atracciones electrostáticas.
- Enlaces iónicos.
- Atracciones electrostáticas de otros tipos.
- Enlaces por puente de hidrógeno.

B) Enlaces covalentes.

C) Enlaces metálicos.

2. Enlace iónico. Retículos cristalinos. Energía reticular. Propiedades de los compuestos iónicos

2.1. Enlace iónico

Los elementos situados en la parte izquierda de la Tabla Periódica, es decir, los metales, poseen muy pocos electrones en el nivel externo y tienden a cederlos para conseguir una estructura estable, por lo que estos elementos tienen un potencial de ionización muy bajo. Al contrario, los elementos de la derecha de la Tabla Periódica, los no metales, tienen casi completo el nivel externo y tienden a capturar los electrones que le faltan para completarlo y así adquirir una estructura estable, por tanto, estos elementos tienen una gran afinidad electrónica.

Cuando un elemento de potencial de ionización bajo se encuentra con otro elemento que tenga una gran afinidad electrónica, se produce una transferencia de uno o varios electrones del átomo del primer elemento al del segundo, con lo que se forman los iones de los respectivos elementos: el **positivo** o **catión** y el **negativo** o **anión**, que quedan unidos por atracción electrostática. Esto es el **enlace iónico**.

Ejemplo: El sodio (Na) tiene un solo electrón en el nivel externo ($1s^2 2s^2 p^6 3s^1$) y su potencial de ionización es muy pequeño. El cloro (Cl) tiene 7 electrones en el nivel externo ($1s^2 2s^2 p^6 3s^2 p^5$), su afinidad electrónica es muy grande.

Cuando un átomo de sodio se encuentra con otro de cloro le cede a éste un electrón de su nivel externo, formando el ion sodio (Na^+) cuya estructura es estable ($1s^2 2s^2 p^6$) por coincidir con la del gas noble que le precede en la Tabla Periódica, el neón (Ne). El átomo de cloro, al captar el electrón cedido por el átomo de sodio, forma el ion cloruro (Cl^-), cuya estructura es estable ($1s^2 2s^2 p^6 3s^2 p^6$) por coincidir su configuración electrónica con la del gas noble que le sigue en la Tabla Periódica, el argón (Ar).

La atracción electrostática debida a las cargas de signos contrarios de los iones formados (Na^+ y Cl^-) hace que estos se mantengan unidos (Na^+Cl^-).

Se llama **electrovalencia** o **valencia iónica** de un elemento al número de electrones que suele ganar o perder dicho elemento para formar sus iones. Así, la electrovalencia de sodio es 1 y la del cloro también es 1. La electrovalencia corresponde al número de oxidación del elemento en estos compuestos, en los no metales corresponde al número de oxidación negativo.

2.2. Retículos cristalinos

La pareja catión-anión formada en el enlace iónico no se presenta aislada, por lo que cada ion ejerce fuerzas de atracción sobre los iones de signo contrario que le rodean y fuerzas de repulsión sobre los de su mismo signo; como resultado de unas y otras fuerzas, los iones de uno y otro signo se disponen regularmente en el espacio formando una red que se extiende en las tres dimensiones. En estas redes, llamadas **retículos cristalinos**, que constituyen los compuestos iónicos, no cabe distinguir moléculas formadas por pares de iones en forma aislada, sino que en su conjunto constituyen un cristal eléctricamente neutro, dado que las cargas de los iones constituyentes se neutralizan mutuamente. Así, la fórmula del cloruro sódico, NaCl indica únicamente que hay el mismo número de iones Na^+ que de iones Cl^-.

En la figura 4.1 se muestran los retículos cristalinos del cloruro sódico (NaCl) y del cloruro de cesio (CsCl); las representaciones corresponden a lo que se denomina «celda unidad», la red se forma por repetición de esta celda en las tres direcciones del espacio.

El número de iones de un signo que rodea a cada ion de signo contrario se llama número o **índice de coordinación** (n_c). En el NaCl, $n_c = 6$ para cada ion; en el CsCl, $n_c = 8$.

El número de coordinación revela el empaquetamiento de los iones en los cristales iónicos.

2.3. Energía reticular

La energía reticular de un compuesto iónico se define como la energía desprendida en la formación de un mol de dicho compuesto, a partir de los correspondientes iones gaseosos.

Cuanto mayor sea la energía reticular, más estable será el cristal, más elevados sus puntos de fusión y ebullición, más duro, etc.

La energía reticular se determina, a partir de datos termoquímicos disponibles, mediante un proceso denominado ciclo de Born-Haber, consistente en una aplicación de la «ley de Hess» (esta ley se estudiará en el tema siguiente).

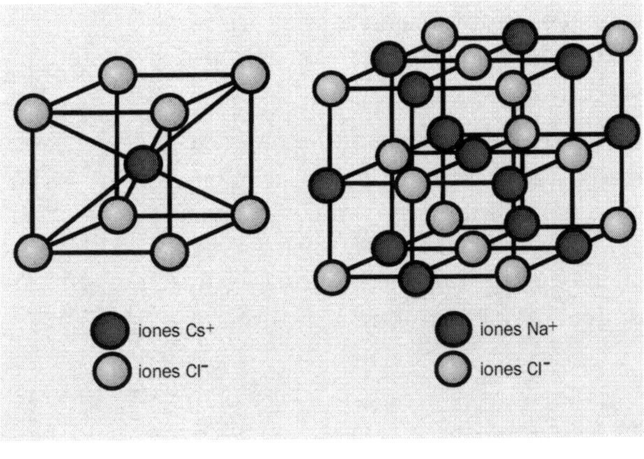

FIGURA 4.1. *Redes de cloruro de cesio (izquierda) y de cloruro sódico (derecha).*

2.4. Propiedades de los compuestos iónicos

Entre las propiedades de los compuestos iónicos que guardan relación con el enlace, destacamos las que se refieren a los siguientes aspectos:

1. **Redes cristalinas**. En el enlace iónico cada ion tiende a rodearse de iones de signo contrario, formando una red cristalina, pero no moléculas individuales.
2. **Punto de fusión y de ebullición**. Como las fuerzas electrostáticas que mantienen los iones unidos entre sí son relativamente grandes, los compuestos iónicos son siempre sólidos cristalinos a la temperatura ambiente. Únicamente a temperaturas elevadas los iones adquieren la energía necesaria para que el cristal se funda. Por ello, los compuestos iónicos tienen puntos de fusión y de ebullición elevados.
3. **Dureza**. La dureza es la capacidad de un objeto para rayar a otros, o lo que es lo mismo, la capacidad para no ser rayado por otros. Para rayar un cristal iónico habrá que romper un cierto número de enlaces, y como éstos son fuertes, se comprende fácilmente que los compuestos iónicos presenten, en general, mucha dureza.
4. **Dilatación**. Para dilatar un cuerpo es necesario disminuir en parte las fuerzas de unión entre sus partículas (átomos, iones o moléculas). Como en los compuestos iónicos estas fuerzas son grandes, estos compuestos ofrecen bastante dificultad a la dilatación, por lo que tienen coeficientes de dilatación pequeños.
5. **Solubilidad**. Los compuestos iónicos se disuelven generalmente bien en disolventes polares, tales como el agua o el amoniaco; en cambio, no se disuelven o lo hacen mal en disolventes no polares como el benceno, la gasolina, etc. Los disolventes polares se llaman así porque sus moléculas, como consecuencia de una distribución asimétrica de las cargas, presentan dos polos eléctricos, uno positivo y situado en un extremo de la molécula, y el otro negativo y situado en el extremo opuesto. Las moléculas de los disolventes no polares (o apolares) no presentan polos eléctricos.

   La razón por la que los compuestos iónicos se disuelven muy fácilmente en los disolventes polares se debe a que las moléculas de éstos se fijan a los iones de la superficie del compuesto por atracción electrostática, contrarrestando en gran medida las fuerzas que mantienen unidos estos iones al retículo, pudiendo así quedar liberados. En la figura 4.2 se muestra este proceso.
6. **Conductividad eléctrica**. Los compuestos iónicos conducen la corriente eléctrica cuando se encuentran disueltos o fundidos, ya que en este estado (disuelto o fundido) los iones que constituyen el compuesto poseen la libertad suficiente para poder desplazarse dentro de un campo eléctrico.

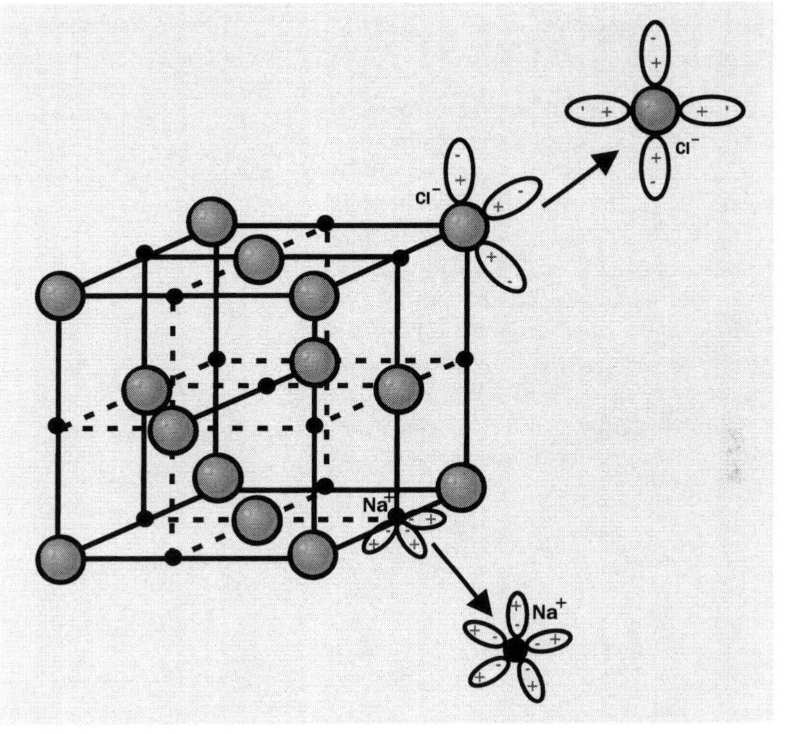

FIGURA 4.2. *Las moléculas polares del disolvente se fijan a los iones del compuesto arrancándolos de la red cristalina.*

3. Enlace covalente. Teorías de Lewis y del enlace de valencia. Propiedades de los compuestos covalentes

3.1. Enlace covalente

Los átomos de los no metales, como se dijo antes, necesitan capturar electrones para alcanzar una estructura estable. En el caso de que estos átomos no estén en presencia de átomos capaces de cederles electrones, es decir, de un metal, logran una estructura estable compartiendo electrones con otros átomos del mismo elemento o de otros no metales.

El enlace covalente se establece entre átomos de no metales iguales o diferentes, de tal forma que la unión tiene lugar por compartición de pares electrónicos de los átomos constituyentes.

3.2. Teoría de Lewis

Según Lewis, cuando dos átomos toman contacto pueden formar enlace compartiendo tantos pares de electrones como les sean necesarios para alcanzar la estructura estable de gas noble, es decir, con 8 electrones en el último nivel (s^2 p^6), o 2 si sólo tiene un nivel ($1s^2$).

La unión de los átomos mediante enlaces covalentes se suele esquematizar mediante los denominados «diagramas de Lewis», en los que los electrones del último nivel o electrones de valencia, se representan mediante puntos, aspas, etc., alrededor del símbolo del elemento, de manera que se pueda identificar la procedencia de los mismos. Así, por ejemplo, el diagrama de Lewis de la molécula de cloro, Cl_2, formada por la unión de dos átomos de cloro (el cloro tiene 7 electrones de valencia, pues está situado en el grupo VII A), es el siguiente:

Observamos que cada átomo alcanza la configuración de gas noble, con ocho electrones de valencia (unos propios y otros compartidos) a su alrededor.

En el enlace covalente, los electrones no son transferidos de un átomo a otro como en el enlace iónico, sino compartidos por los dos átomos. Por ello se forma una molécula verdadera en lugar de un retículo cristalino.

Como ejemplos, mostramos a continuación los diagramas de Lewis correspondientes a la molécula de agua, amoniaco y metano. El hidrógeno, el oxígeno, el nitrógeno y el carbono tienen 1, 6, 5 y 4 electrones de valencia, respectivamente.

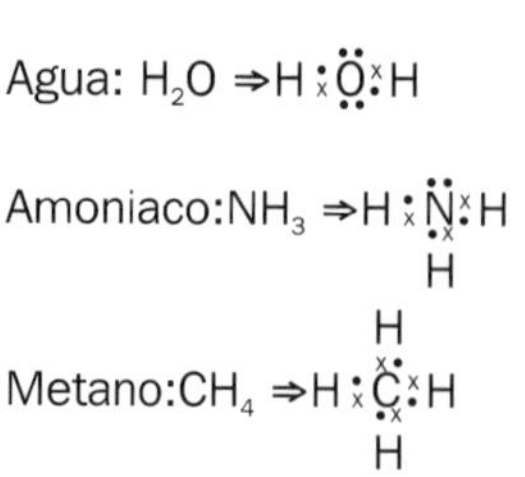

También se suele representar el par de electrones que constituye el enlace covalente (par de electrones compartidos) mediante una raya que una a los dos átomos, y omitirse los electrones no compartidos. Así, las moléculas de los ejemplos anteriores se representarán:

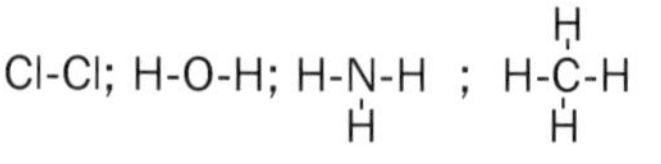

En otras ocasiones, para lograr la configuración de gas noble, dos átomos han de compartir entre sí más de un par de electrones; aparecen así los enlaces múltiples (dobles o triples).

Ejemplos:

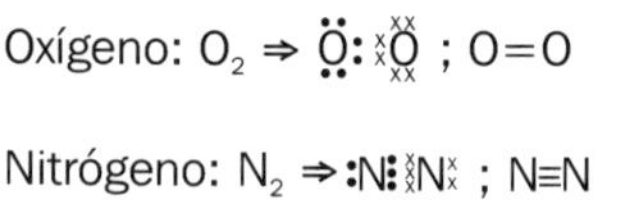

3.3. Teoría del enlace de valencia

Esta teoría, basada en el modelo mecano-cuántico o modelo de los orbitales atómicos que ya se estudió en otro tema, establece las condiciones necesarias para que se forme un enlace covalente y describe cómo se lleva a cabo dicho enlace.

Para que dos átomos formen un enlace covalente han de tener, cada uno, un orbital con un electrón desapareado, es decir, ocupado por un solo electrón (recuérdese que un orbital puede estar ocupado por un máximo de dos electrones); además, los espines del par de electrones compartidos deben ser contrarios.

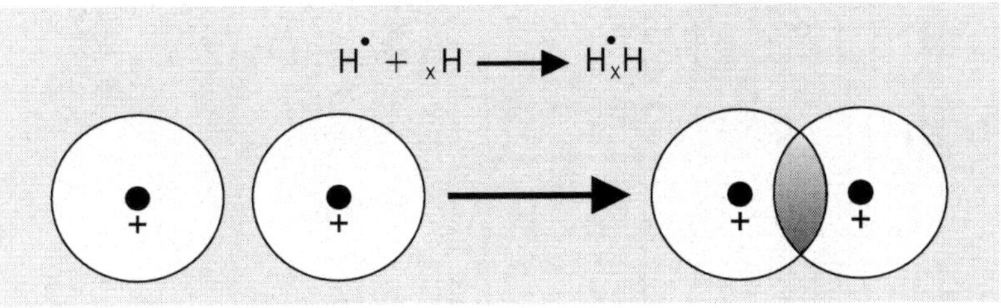

FIGURA 4.3. *El enlace covalente se forma al solaparse los orbitales atómicos.*

Un enlace covalente se forma cuando, al aproximarse dos átomos, los orbitales semiocupados están en una posición adecuada para «superponerse» o «solaparse», dando lugar a una región común a los dos átomos, en la cual la probabilidad de encontrar un electrón es más elevada.

El enlace covalente es tanto más fuerte cuanto mayor sea el grado de solapamiento de los orbitales atómicos, pues en la región común de solapamiento las acciones atractivas entre los dos átomos son mayores que las repulsivas.

Consideremos como ejemplo la molécula de hidrógeno, H_2, cuyo diagrama de Lewis es:

$$H^{\bullet} + {}_{x}H \longrightarrow H{}^{\bullet}_{x}H$$

Como el átomo de hidrógeno tiene un único electrón, éste se encontrará desapareado en el orbital. Al aproximarse los dos átomos, se superponen los orbitales de uno y otro, determinando una región situada entre los dos núcleos, en la cual los dos electrones pueden estar a la vez. La figura 4.3 ilustra lo anterior.

Se llama **covalencia** de un elemento al número de enlaces covalentes que es capaz de formar, es decir, el número de electrones desapareados de que dispone o puede disponer.

Muchos elementos presentan varias covalencias distintas; esto ocurre cuando los átomos disponen de orbitales vacíos en el nivel externo y los electrones se pueden distribuir ocupando completamente orbitales o semiocupándolos. Este fenómeno se denomina «promoción de electrones».

Así, por ejemplo, el cloro tiene siete electrones de valencia:

- Si se distribuyen ocupando completamente tres orbitales (dos electrones en cada orbital), queda un orbital semiocupado (con un solo electrón) y muestra covalencia 1.
- Si se distribuyen completando dos orbitales, quedan tres orbitales semiocupados: covalencia 3.
- Si se distribuyen completando solamente un orbital, quedan cinco orbitales semiocupados: covalencia 5.
- Si se distribuyen de manera que no quede completo ningún orbital, tendremos siete orbitales semiocupados: covalencia 7.

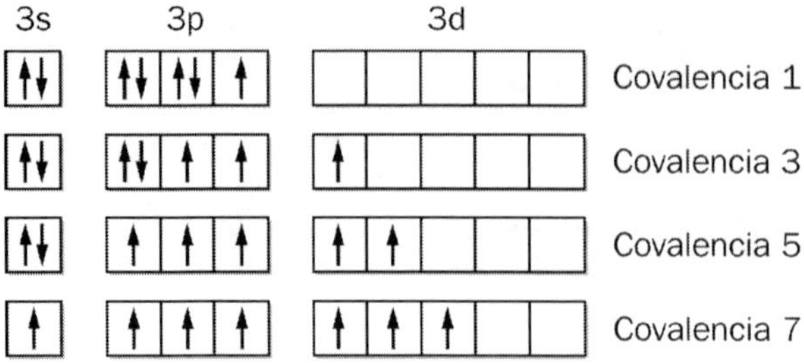

ESQUEMA 4.1. *Distribución de los electrones del último nivel del átomo de cloro en función de su covalencia.*

El esquema 4.1 ilustra, mediante diagramas de celdas, la distribución de los electrones de valencia en cada uno de los casos del ejemplo anterior.

La promoción de electrones tiene lugar únicamente entre subniveles muy próximos en contenido energético y que pertenezcan al mismo nivel; como sucede cuando un electrón del orbital 2s pasa a un orbital 2p, o de un orbital 3p pasa a otro 3d, etc.

En función del grado de solapamiento entre los orbitales atómicos, podemos distinguir dos tipos de enlace: sigma (σ) y pi (π).

- **Enlace sigma**. El solapamiento entre los orbitales atómicos es grande, por lo que el enlace es fuerte. Este tipo de enlace se forma por solapamiento de dos orbitales s (σ_s), de uno s y otro p (σ_{s-p}), o de dos orbitales p que estén sobre el mismo eje (σ_p) (figura 4.4).
- **Enlace pi**. El solapamiento entre los orbitales atómicos es pequeño, por lo que el enlace es débil. Este tipo de enlace se forma por solapamiento entre

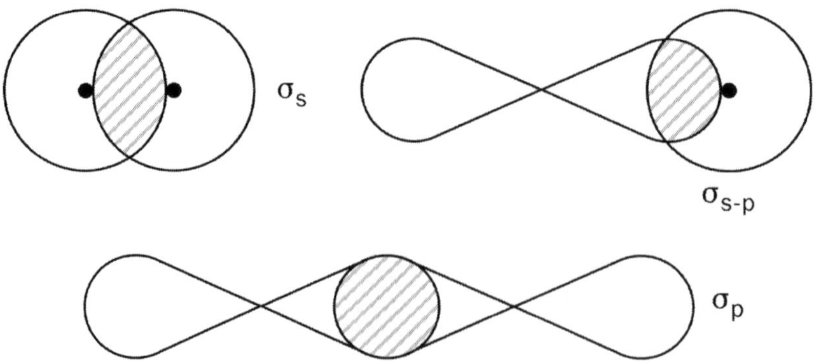

FIGURA 4.4. *Enlaces sigma.*

dos orbitales p de ejes paralelos (figura 4.5).

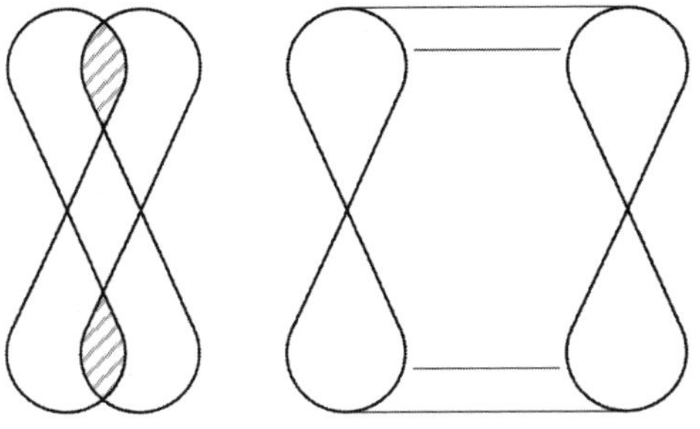

FIGURA 4.5. *Enlace pi. En el dibujo de la derecha, el solapamiento entre los orbitales se ha esquematizado mediante líneas que los unen (evita confusión en los esquemas).*

3.4. Hibridación de orbitales

La hibridación de orbitales es un fenómeno de gran importancia para comprender la estructura de muchas moléculas, que presentan geometrías diferentes de las previsibles; la formación de orbitales híbridos durante el enlace permite explicar la geometría que presentan tales moléculas. (La geometría de una molécula viene determinada por la distancia entre sus átomos y por los ángulos que forman sus diferentes enlaces).

La **hibridación de orbitales** se produce cuando en la formación de un enlace no se conserva la distribución espacial de los orbitales atómicos, produciéndose una redistribución energética de los mismos de la que resultan una serie de orbitales híbridos, todos ellos iguales en contenido energético y forma.

La hibridación sólo puede darse entre orbitales que no difieran mucho en su contenido energético, como ocurría en el caso de la promoción de electrones.

A continuación estudiamos los tres tipos de hibridaciones entre orbitales s y p:

■ Hibridación tipo sp o digonal

Intervienen un orbital s y uno p, resultando dos orbitales híbridos sp. La forma de cada orbital híbrido es de dos lóbulos con el mismo eje, el lóbulo a través del cual se produce el solapamiento durante el enlace es de tamaño considerablemente mayor que el otro. Los dos orbitales híbridos sp se orientan formando entre sí un ángulo de 180º, por lo que también se llaman «digonales» (figura 4.6).

Ejemplo:

Hibridación sp del átomo de berilio en la formación del cloruro de berilio ($BeCl_2$). La configuración electrónica del Be (Z = 4) es:

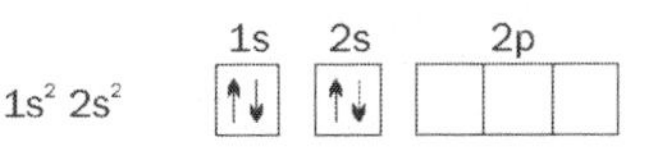

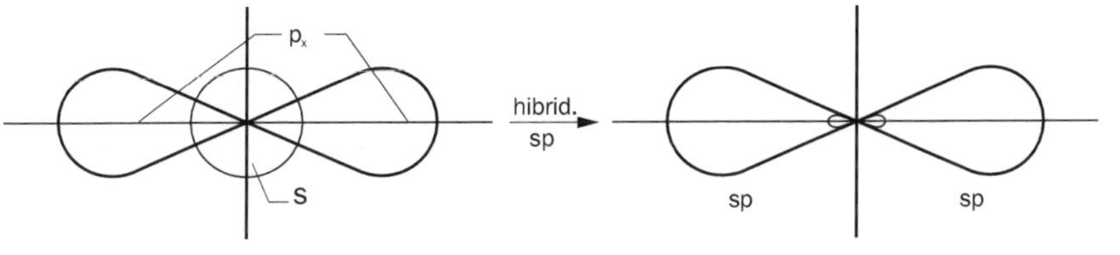

FIGURA 4.6.
Hibridación sp.

Como no tiene ningún electrón desapareado, para que se produzca el enlace con los átomos de cloro, un electrón del orbital 2s tiene que promocionar a un orbital 2p con lo que resulta:

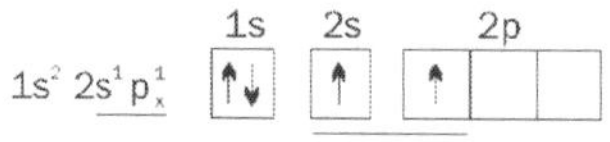

La hibridación se produce entre los dos orbitales subrayados, originándose dos orbitales híbridos sp:

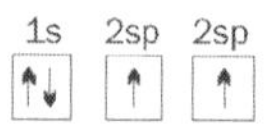

A través de cada uno de estos orbitales híbridos se producirá el enlace con un átomo de cloro.

■ Hibridación tipo sp² o trigonal

Interviene un orbital s y dos orbitales p, resultando tres orbitales híbridos sp². La forma de estos orbitales híbridos es similar a la de los orbitales híbridos sp, y se orientan en un plano formando entre sí ángulos de 120° (orbitales «trigonales») (figura 4.7).

Ejemplo:

Hibridación sp² del átomo de boro en el fluoruro de boro (BF_3). La configuración electrónica del boro (Z = 5) es:

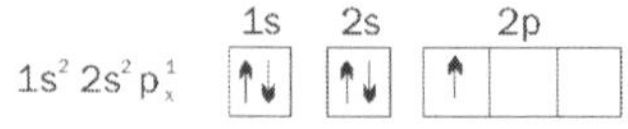

Se produce la promoción de un electrón del orbital 2s a un orbital p vacío, ya que el boro, en este compuesto, presenta covalencia 3 (tres orbitales semiocupados)

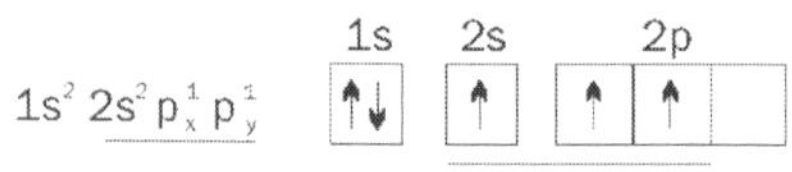

Como resultado de la hibridación se producen tres orbitales híbridos sp².

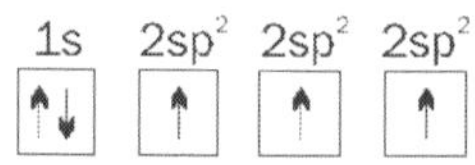

A través de cada uno de estos orbitales híbridos se producirá el enlace con un átomo de flúor.

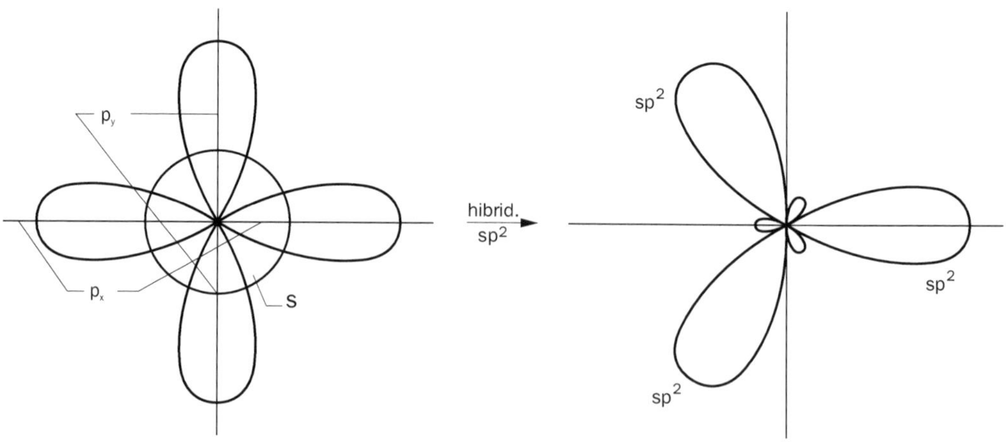

FIGURA 4.7. *Hibridación sp².*

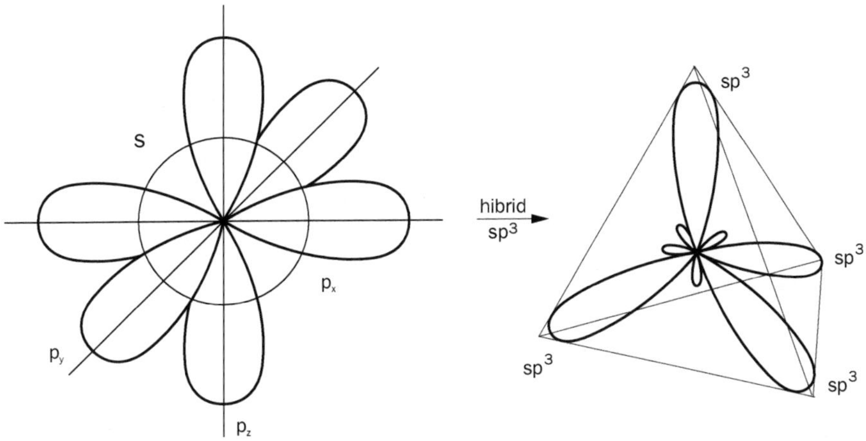

FIGURA 4.8. *Hibridación sp³.*

Hibridación tipo sp^3 o tetragonal

Interviene un orbital s y tres orbitales p, resultando cuatro orbitales híbridos sp^3. La forma de estos orbitales híbridos es similar a las de las anteriores hibridaciones sp y sp^2, y se presentan orientados con los ejes dirigidos hacia cada uno de los vértices de un tetraedro, formando entre sí ángulos de 109,4° (orbitales «tetragonales») (figura 4.8).

Ejemplo:

Hibridación sp^3 del átomo de carbono en el metano (CH_4). La configuración electrónica del carbono (Z = 6) es:

	1s	2s	2p		
$1s^2\,2s^2\,p_x^1\,p_y^1$	↑↓	↑↓	↑	↑	

Como la covalencia del carbono en el CH_4 es 4, se produce la promoción de un electrón del orbital 2s al orbital p vacío:

	1s	2s	2p		
$1s^2\,2s^1\,p_x^1\,p_y^1\,p_z^1$	↑↓	↑	↑	↑	↑

De la hibridación entre el orbital 2s y los tres orbitales 2p resultan cuatro orbitales híbridos sp^3:

1s	$2sp^3$	$2sp^3$	$2sp^3$	$2sp^3$
↑↓	↑	↑	↑	↑

A través de cada uno de estos orbitales híbridos se producirá el enlace con un átomo de hidrógeno.

NOTA: En el apartado «Enlaces del carbono» del tema 9, se explican los enlaces entre átomos de carbono (simple, doble y triple) mediante estos tres tipos de hibridaciones que acabamos de estudiar.

3.5. Propiedades de los compuestos covalentes

Los compuestos covalentes se caracterizan por las siguientes propiedades generales, que permiten diferenciarlos de los compuestos iónicos y de los metálicos.

1. Los compuestos covalentes son más volátiles que las sustancias metálicas o ió-

nicas, las cuales son típicamente sólidas; en cambio, muchas sustancias covalentes son gaseosas, otras son líquidas y también las hay sólidas, pero se volatilizan con relativa facilidad.

2. Los compuestos covalentes son, en general, malos conductores del calor y de la electricidad, ya que no tienen electrones de fácil movilidad como los metales, ni tampoco pueden proporcionar iones como los compuestos iónicos.
3. Los puntos de fusión y ebullición son generalmente bajos.

La volatilidad de los compuestos covalentes, así como los puntos de fusión y ebullición bajos, son consecuencia de que las fuerzas de cohesión entre las moléculas (fuerzas intermoleculares) son débiles, por lo que para vencer estas fuerzas es necesario un aporte energético relativamente pequeño.

Sin embargo, existen algunos compuestos covalentes que están formados por átomos que ocupan los nudos de una red cristalina, unidos entre sí por enlaces covalentes fuertes, y constituyendo verdaderas moléculas gigantes (como ocurre, por ejemplo, con el diamante); estos compuestos presentan puntos de fusión y de ebullición elevados, así como una gran dureza.

4. Enlace metálico. Propiedades de los metales

4.1 Enlace metálico

Los átomos de los metales se caracterizan por tener muy pocos electrones en el nivel externo, por ello tienden a perder estos electrones (los potenciales de ionización de los metales son pequeños) y quedar con la misma estructura electrónica del gas noble que le precede en la Tabla Periódica.

En el caso de que estos átomos no estén en presencia de átomos capaces de captar electrones, es decir, de un no metal, se unen todos formando una estructura dotada de una gran estabilidad; este tipo de unión constituye el enlace metálico.

Aunque la naturaleza del enlace metálico no está aún bien determinada, existen varias teorías que tratan de dar explicación a la forma en la que están unidos los átomos de los metales, y así justificar las propiedades típicas de los mismos.

Las teorías actuales parten del hecho de que los metales están formados por átomos

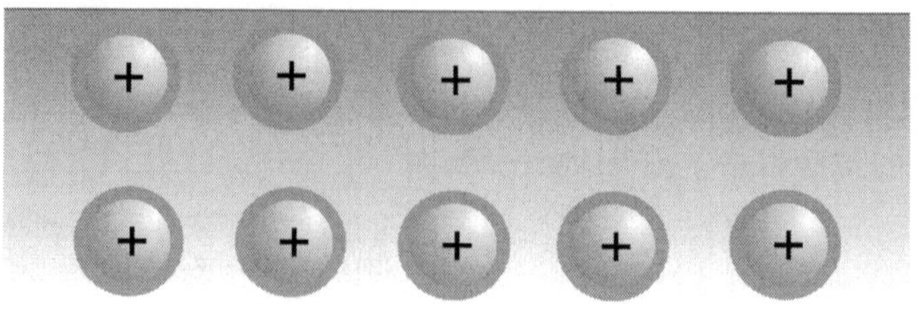

FIGURA 4.9. *Los átomos del metal forman una red cristalina en la cual se mueven libremente los electrones de valencia.*

que tienen relativamente pocos electrones de valencia, pero éstos son libres de moverse por toda la estructura del metal.

Los átomos se disponen muy juntos unos de otros formando una red cristalina. Los electrones de valencia de estos átomos no quedan ligados a un átomo determinado, sino que se mueven libremente por toda la red cristalina ocupando sucesivamente orbitales de diferentes átomos.

Los electrones de valencia constituyen una nube o mar electrónico, de forma que es compartida por todos los átomos, los cuales actúan como iones positivos neutralizados por la carga negativa de la nube electrónica (figura 4.9).

La deslocalización de los electrones se explica mediante la teoría de las llamadas **bandas de energía**. Esta teoría considera que cuando los átomos se aproximan para formar el cristal metálico, los orbitales de igual energía de los distintos átomos interaccionan entre sí originándose orbitales moleculares que pueden ser ocupados por los electrones, orbitales que están deslocalizados porque la molécula es la totalidad del cristal. Los orbitales moleculares tienen energías muy próximas y dan lugar a bandas continuas de energía en lugar de niveles discretos.

Cuando hay bandas semillenas los electrones pueden moverse por todo el cristal bajo la acción de un campo eléctrico externo («banda de conducción»). Cuando una banda de orbitales está completamente llena, las propiedades conductoras dependen de la diferencia de energía entre ella y la banda siguiente completamente vacía, de manera que se pueden presentar tres casos:

a) Que las bandas se superpongan, entonces el cristal es conductor, ya que los electrones pueden pasar de la banda llena a la banda vacía.
b) Si entre las bandas hay un intervalo de energía (ΔE) pequeño, se trata de un semiconductor y basta una excitación pequeña para que los electrones pasen de la banda llena a la banda vacía.
c) Si entre las bandas hay un intervalo de energía (ΔE) grande, se trata de un aislante, ya que los electrones de la banda llena no pueden adquirir energía suficiente para pasar a la banda vacía.

En la figura 4.10 se muestra un esquema de estas bandas para los tres casos aludidos: conductor, semiconductor y aislante.

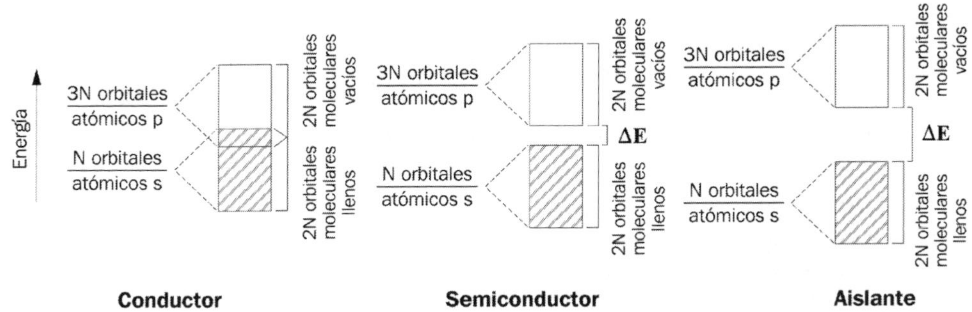

FIGURA 4.10. *Esquema de las bandas de energía en un conductor, en un semiconductor y en un aislante.*

Aunque en el enlace metálico, en cierta medida, se comparten electrones como en el enlace covalente, estos electrones son compartidos por todos los átomos que forman la red cristalina, por lo que están deslocalizados, y no se forma una molécula verdadera.

Por contra, en el enlace covalente cada par de electrones es compartido por dos átomos determinados, están localizados en la región de solapamiento de los orbitales de los átomos que comparten el par, y forman verdaderas moléculas.

4.2. Propiedades de los metales

El enlace metálico permite dar explicación a las propiedades físicas que caracterizan a los metales. Entre estas propiedades destacamos las siguientes:

1. Los metales son sólidos a la temperatura ambiente, excepto el mercurio que es líquido, y generalmente, los puntos de fusión y de ebullición suelen ser altos. Estas características se deben a la gran estabilidad de la red cristalina.
2. Los metales son excelentes conductores de la electricidad y del calor. Lo cual se debe a la libertad de movimiento que tienen los electrones que forman la nube electrónica.
3. La densidad de los metales es muy grande, pues los átomos se disponen en la red cristalina muy próximos entre sí.
4. Los metales tienen una gran maleabilidad (capacidad para ser extendidos en láminas) y ductilidad (capacidad para ser estirados en forma de hilos) debido a que al aplicar cierta presión al metal los átomos se desplazan en capas que se deslizan unas sobre otras. La red cristalina de los metales no es una estructura rígida, mantenida por grandes fuerzas electrostáticas que impiden el desplazamiento de unos átomos respecto a otros, como ocurre en las redes de los compuestos iónicos, sino una estructura que debe su estabilidad a la deslocalización de los electrones de valencia, y esta estabilidad se mantiene a pesar de que los átomos experimenten grandes desplazamientos unos respecto a otros.

5. Fuerzas de interacción entre moléculas. Interacción por enlace de hidrógeno

Entre las moléculas de un compuesto se establecen fuerzas, de origen electrostático, que mantienen unidas dichas moléculas. Estas fuerzas son débiles y constituyen lo que se denominan enlaces intermoleculares.

Entre los distintos tipos de enlaces intermoleculares destacamos los enlaces por puente de hidrógeno y las fuerzas de Van der Waals.

5.1. Enlace por puente de hidrógeno

Es un enlace de tipo electrostático que se establece entre el hidrógeno y átomos muy electronegativos, que tienen pares solitarios de electrones con los que pueden contribuir al enlace intermolecular, como es el caso del oxígeno, nitrógeno y flúor.

Al estar unido el átomo de hidrógeno con un elemento muy electronegativo, el par de electrones que comparten está muy atraído por éste, por lo que queda el hidrógeno casi desposeído de la carga eléctrica negativa, por cuya razón puede formar un enlace (puente de hidrógeno) con el átomo muy electronegativo de otra molécula próxima.

Un ejemplo de enlaces por puentes de hidrógeno lo constituye el agua; las fuerzas atractivas entre los átomos de hidrógeno y los átomos de oxígeno de las moléculas contiguas son las causantes de que se mantengan unidas sus moléculas.

5.2. Enlace por fuerzas intermoleculares de Van der Waals

Las fuerzas de Van der Waals son fuerzas intermoleculares de tipo electrostático cuya acción atractiva permite que sustancias compuestas por moléculas independientes se manifiesten en estado sólido o líquido.

Las fuerzas de Van der Waals pueden darse tanto entre moléculas apolares como entre moléculas polares. Las moléculas apolares son aquellas en las que los centros de distribución de cargas positivas y negativas coinciden en un mismo punto; en las moléculas polares no coinciden ambos centros, por lo que la molécula constituye un dipolo, es decir, presenta carácter eléctrico positivo en la zona más próxima al centro de distribución de cargas positivas, y carácter eléctrico negativo en la zona próxima al centro de distribución de las cargas negativas.

En el caso de moléculas polares, las atracciones electrostáticas entre polos de signos contrarios, correspondientes a moléculas vecinas, permiten que se mantengan unidas.

En el caso de moléculas apolares, la existencia de estas fuerzas intermoleculares de Van der Waals puede explicarse de la siguiente forma. En cualquier instante, durante un intervalo de tiempo infinitesimal, por vibraciones de las masas electrónicas, la distribución de cargas de la molécula puede variar, transformándose ésta en un dipolo instantáneo; al instante siguiente estos dipolos dejan de existir, pero por razones análogas pueden formarse otros orientados en otra dirección. Entre las moléculas, por formarse dipolos instantáneos se están produciendo atracciones netas de tipo electrostático, que las mantiene unidas.

Lógicamente las fuerzas de Van der Waals entre moléculas polares son más fuertes que entre moléculas apolares.

Los compuestos cuyas moléculas están unidas por fuerzas de Van der Waals se caracterizan por sus bajos puntos de fusión y de ebullición, pequeños calores de sublimación y vaporización, gran compresibilidad y elevado coeficiente de dilatación, características, todas justificables por el carácter débil de estas fuerzas.

Tema 5

Energía de las reacciones químicas. Espontaneidad. Equilibrio químico

1. Cambios de energía en las reacciones químicas. Calor de reacción a volumen constante

Las transformaciones materiales que se producen en una reacción química siempre van acompañadas de intercambios de energía con el medio, es decir, en toda reacción química se produce un desprendimiento o una absorción de energía.

Esto se debe a que cada tipo de molécula posee una energía («energía potencial química») que depende principalmente de los enlaces entre sus átomos. Como la energía de los reactivos nunca es igual a la de los productos de la reacción, esta diferencia de energía tiene que ser intercambiada con el medio.

La energía absorbida o desprendida puede ir en forma de luz, electricidad, etc., pero normalmente se manifiesta en forma de calor. Puede afirmarse que toda reacción química va siempre acompañada de absorción o desprendimiento de calor en cantidades perfectamente definidas para cada reacción.

1.1. Reacciones exotérmicas y endotérmicas

Desde el punto de vista calorífico las reacciones químicas se clasifican en: **reacciones exotérmicas**, si se produce desprendimiento de calor, y **reacciones endotérmicas**, si se produce absorción de calor.

Las **ecuaciones termoquímicas** son aquellas en las que además de las cantidades de las sustancias que intervienen, se expresa también la cantidad de calor absorbido o desprendido.

Ejemplos:

- La ecuación termoquímica correspondiente a la reacción de síntesis del amoniaco (NH_3) es:

  $3H_2+N_2 \longrightarrow 2NH_3+92{,}4\ kJ$

  Es decir, cuando se combinan tres moles de hidrógeno (H_2) con un mol de nitrógeno (N_2), se forman dos moles de amoniaco (NH_3) y se desprenden 92,4 kJ de energía. Es una reacción exotérmica.

- La ecuación termoquímica correspondiente a la descomposición del carbonato de calcio ($CaCO_3$) en óxido de calcio (CaO) y dióxido de carbono (CO_2) es:

  $CaCO_3+176{,}8\ kJ \longrightarrow CaO+CO_2$

  Es decir, para descomponer un mol de $CaCO_3$ hay que comunicarle un calor de 176,8 kJ, y se forma un mol de CaO y un mol de CO_2. Es una reacción endotérmica.

1.2. Energía interna. Primer principio de la termodinámica

■ Definiciones y conceptos

- **Sistema**: Parte del universo dentro del cual se realiza un proceso físico o químico.
- **Límites**: Superficies o líneas reales o imaginarias por la que queda delimitado un sistema.

- **Alrededores**: Parte del universo fuera del sistema pero que puede ejercer alguna influencia sobre él, principalmente todo de carácter energético.
- **Propiedad**: Cualquier magnitud de las utilizadas para describir el sistema.
- **Propiedades intensivas**: Aquellas magnitudes que no dependen de la cantidad de materia y cuyo valor puede determinarse en cualquier punto del sistema. Ejemplos: la presión, la temperatura.
- **Propiedades extensivas**: Las magnitudes que dependen de la cantidad de materia y cuyo valor no se puede determinar en un punto del sistema. Ejemplos: el volumen, la masa.
- **Sistema cerrado**: Sistema aislado que no tiene intercambio con los alrededores.
- **Sistema abierto**: El que tiene intercambio con los alrededores.
- **Estado**: Situación específica del sistema definido por sus propiedades.
- **Función de estado o variable de estado**: Define el estado del sistema, y se caracteriza porque una variación de ella sólo depende del estado inicial y final, pero es independiente del camino seguido para producir la variación o cambio.
- **Sistema homogéneo**: El constituido por una sola fase, es decir, todas las sustancias que lo forman están en el mismo estado físico (sólido, líquido o gaseoso).
- **Sistema heterogéneo**: El formado por varias fases, es decir, las sustancias que lo forman no están todas en el mismo estado físico.

■ Concepto de energía interna

La **energía interna** (U) es una función de estado extensiva que se define como la suma de todas las energías contenidas en el sistema, tales como las debidas a la traslación, rotación y vibración de las moléculas y átomos, así como las energías electrónicas y las nucleares.

El valor absoluto de la energía interna de un sistema es imposible medirlo, pero sí el cambio que experimenta dicha energía al pasar el sistema de un estado a otro. Esta **variación de la energía interna** (ΔU) es independiente del camino seguido en el proceso (es una función de estado).

$$\Delta U = U_2 - U_1$$

■ Primer principio de la termodinámica

Es una forma de expresar el principio de conservación de la energía. Este principio establece que cuando un sistema realiza una transformación, la variación de la energía del sistema ΔU (energía interna) depende del calor que absorbe o desprende y del trabajo que realiza o se realiza en contra de él.

Si el calor (Q) es absorbido y el trabajo (W) es realizado por el sistema, ambos son positivos; y negativos, en caso contrario.

Matemáticamente se expresa así:

$$\Delta U = Q - W$$

Normalmente la forma de trabajo en los sistemas es la expansión de un gas en contra de la presión atmosférica u otra presión exterior.

Si la presión se mantiene constante en todo el proceso de expansión del gas, el trabajo es:

$$W = P \cdot \Delta V$$

1.3. Calor de reacción a volumen constante

Cuando una transformación se realiza a volumen constante, el sistema no realiza trabajo ni tampoco se realiza contra él, ya que:

$$W = P \cdot \Delta V = 0$$

Aplicando a esta transformación el primer principio de la termodinámica ($\Delta U = Q - W$), queda:

$$\Delta U = Q - W = Q$$

Es decir, la variación de energía interna de un sistema en una transformación realizada a volumen constante, es igual al calor absorbido o desprendido durante la misma.

Aplicando esto a las reacciones químicas que se verifican a volumen constante, como es el caso de las reacciones entre gases en recipientes cerrados:

$$Q_V = \Delta U$$

El calor absorbido o desprendido en una reacción química realizada a volumen constante mide la variación de energía interna que ha tenido lugar durante la misma.

2. Entalpía. Calor de reacción a presión constante. Entalpías de reacción y de formación. Ley de Hess

2.1. Concepto de entalpía. Calor de reacción a presión constante

La entalpía es una función de estado que mide el contenido energético del sistema y se define por la expresión:

$$H = U + P \cdot V$$

Por tanto, la variación de entalpía a presión constante, o sea, la variación del contenido energético del sistema, viene dado por:

$$\Delta H = \Delta U + P \cdot \Delta V \qquad (1)$$

Como en una transformación a presión constante $W = P\Delta V$, sustituyendo en la expresión del primer principio de la termodinámica tenemos:

$$\Delta U = Q - W = Q - P \cdot \Delta V \qquad (2)$$

Sustituyendo (2) en la expresión (1) queda:

$$\Delta H = Q - P \cdot \Delta V + P \cdot \Delta V = Q$$

Por lo que, el calor puesto en juego en un proceso realizado a presión constante es igual a la variación de entalpía experimentada por el sistema.

$$Q_P = \Delta H$$

Si una reacción química tiene lugar en un recipiente cerrado, el volumen se mantiene constante, mientras que si el recipiente está abierto los posibles gases se expanden, en este caso, la reacción se produce a presión constante, ya que se realiza a la presión atmosférica.

La mayoría de las reacciones tienen lugar en unas condiciones tales que la presión permanece constante (presión atmosférica).

Las condiciones en que se producirán las reacciones que estudiemos serán una presión de 1 atm y una temperatura de 25 °C. Estas condiciones se denominan condiciones estándar.

2.2. Entalpías de reacción y de formación

Aplicando el concepto de entalpía a las reacciones químicas: la cantidad de calor que interviene en una reacción química, cuando ésta tiene lugar a presión constante, coincide con la variación de entalpía del sistema.

Teniendo en cuenta que los calores absorbidos son positivos y los desprendidos negativos, observamos que:

- En las reacciones endotérmicas $\Delta H > 0$
- En las reacciones exotérmicas $\Delta H < 0$

Se define la **entalpía de formación** (ΔH^0_f) de una sustancia como la cantidad de calor absorbida o cedida en la formación de un mol de dicha sustancia, a partir de cuerpos simples, estables a 25 °C y 1 atm.

La entalpía de formación de las sustancias simples en estado natural es nula. Ejemplo, la entalpía de formación del oxígeno (O_2) es cero.

La variación de la entalpía en una reacción química, o lo que es lo mismo, el calor de reacción a presión constante, se puede calcular a partir de las entalpías de formación de los reactivos y los productos a través de la expresión siguiente:

$$\Delta H = \Sigma \Delta H_f^0{}_{productos} - \Sigma \Delta H_f^0{}_{reactivos}$$

(El símbolo Σ representa suma)

Entonces, si la suma de las entalpías de los productos es mayor que la de reactivos (ΔH positivo), habrá que comunicar energía para formar los productos; la reacción será endotérmica.

Por el contrario, si la suma de las entalpías de los productos es menor que la de los reactivos (ΔH negativo), la energía sobrante se desprenderá; la reacción será exotérmica.

2.3. Ley de Hess

La cantidad de calor desarrollada en una reacción química depende únicamente de los estados inicial y final del sistema y es independiente de los estados intermedios, ya que esta cantidad de calor (a presión constante) coincide con la variación de entalpía y ésta es una función de estado.

Es decir, si a partir de determinadas sustancias iniciales se llega a unos mismos productos finales, en las mismas condiciones, la variación de entalpía tiene el mismo valor cualquiera que sea el camino seguido y los productos intermedios que aparezcan.

La ley de Hess también puede enunciarse así:

«Cuando una reacción se puede expresar por medio de una ecuación química que equivale a la suma algebraica de dos o más ecuaciones químicas, la variación de entalpía que corresponde a la reacción global es igual a la suma algebraica de las variaciones de entalpía de las reacciones parciales correspondientes.»

Esta ley es de gran utilidad para calcular los calores de reacciones que no pueden medirse directamente. El ciclo de Born-Haber, nombrado en el tema anterior, constituye un ejemplo de aplicación de la ley de Hess para el cálculo de las energías reticulares de los compuestos iónicos.

3. Espontaneidad de las reacciones químicas

Es evidente que en los procesos químicos se tiende a alcanzar un estado en el que la energía total sea mínima; esto podría hacer pensar que en las reacciones químicas se tiende a que la entalpía del sistema sea mínima, es decir, que las reacciones químicas espontáneas son las exotérmicas y, efectivamente, en muchas de ellas ocurre así. Sin embargo, existen reacciones químicas endotérmicas que son espontáneas, como por ejemplo:

$$N_2O_{3(g)} \longrightarrow NO_{(g)} + NO_{2(g)}$$

Igualmente existen muchos procesos físicos que se producen espontáneamente, aunque para verificarse necesiten absorber calor; por ejemplo, un trozo de hielo se funde espontáneamente a la temperatura ambiente aunque para ello necesita absorber calor, lo mismo ocurre con el agua líquida, que también se evapora.

Esto significa que, además de la energía, tiene que haber algo que también influye en la determinación del sentido de las transformaciones espontáneas. Este algo es el **desorden**: un aumento de desorden en un sistema favorece su transformación espontánea; por eso, a la temperatura ordinaria, como el desorden de las moléculas de agua es mayor en estado líquido que en el sólido, el hielo se funde espontáneamente, y por lo mismo (el desorden es mayor en el estado gaseoso que en el líquido) también se evapora el agua.

En la reacción química indicada anteriormente aumenta el desorden porque aumenta el número de moléculas gaseosas.

Como medida de desorden de un sistema se emplea una función de estado que se llama **entropía** (S).

La interacción de la energía y la entropía en los procesos espontáneos se puede expresar cuantitativamente mediante una magnitud, que también es función de estado, llamada **energía libre** (G) y que viene definida por la relación:

$$\Delta G = \Delta H - T \cdot \Delta S$$

donde T es la temperatura absoluta.

Para que ocurra una transformación espontánea a presión y temperatura constantes tiene que disminuir la energía libre del sistema, es decir, ΔG tiene que ser negativo.

4. Equilibrio químico. Constante de equilibrio. Factores que afectan al equilibrio químico

4.1. Reacciones reversibles e irreversibles

Hay reacciones químicas en las que los productos resultantes reaccionan entre sí para regenerar las sustancias de partida. Estos tipos de reacciones se denominan **reacciones reversibles**.

En cambio, hay otras reacciones químicas en las que los productos obtenidos en ellas no tienen tendencia a reaccionar entre sí para regenerar las sustancias de las que proceden. Estos tipos de reacciones se denominan **reacciones irreversibles**.

En las ecuaciones químicas correspondientes a las reacciones reversibles se emplea una «doble flecha» que indica el sentido de las dos reacciones, directa e inversa.

Ejemplos:

- La reacción de síntesis del amoniaco es una reacción reversible: el hidrógeno (H_2) se combina con el nitrógeno (N_2) formándose amoniaco (NH_3), pero éste se descompone regenerando las sustancias de partida, hidrógeno y nitrógeno. La ecuación química correspondiente a esta reacción reversible es:

$$3H_2 + N_2 \rightleftarrows 2NH_3$$

- La reacción del cloruro de sodio (NaCl) con el nitrato de plata ($AgNO_3$) es una reacción irreversible, pues los productos de la misma, nitrato de sodio ($NaNO_3$) y cloruro de plata (AgCl), no reaccionan entre sí regenerando los reactivos de partida. La ecuación química correspondiente a esta reacción química es:

$$NaCl + AgNO_3 \longrightarrow NaNO_3 + AgCl$$

Las reacciones irreversibles finalizan cuando se agota alguno de los reactivos; sin embargo, las reacciones reversibles no finalizan nunca, pues los reactivos se están regenerando continuamente.

4.2. Equilibrio químico

Al comienzo de una reacción reversible, como las concentraciones de los reactivos son grandes, la velocidad de reacción será también grande en el sentido del primer miembro hacia el segundo. Pero a medida que vaya avanzando el proceso y las concentraciones de los productos empiecen a ser considerables, irá aumentando la velocidad de reacción en el sentido contrario, es decir, en el sentido del segundo miembro hacia el primero. Llegará un momento en que ambas velocidades se igualen. En ese instante se recomponen tantas moléculas como se destruyen y, por consiguiente, las concentraciones de las sustancias que intervienen en la reacción no variarán y, a partir de ese instante, permanecerán constantes. Cuando esto ocurre, se dice que existe o que se ha alcanzado el **equilibrio químico**.

Que en una reacción reversible se logre el equilibrio no quiere decir que ya no exista reacción entre las sustancias. Las dos reacciones, directa e inversa, siguen produciéndose, pero con igual velocidad en los dos sentidos. Es decir, el equilibrio químico no es un equilibrio estático, sino «dinámico».

4.3. Constante de equilibrio

La **ley de acción de masas** establece que:

«En toda reacción reversible, al alcanzar el equilibrio, el cociente entre el producto de las concentraciones de los cuerpos del segundo miembro y el de las concentraciones de los cuerpos del primer miembro, todas ellas elevadas a un exponente igual al coeficiente con el que figuran en la ecuación de la reacción, es una cantidad constante para cada temperatura, denominada ***constante de equilibrio****.»*

Supongamos la reacción reversible:

$$aA + bB \rightleftarrows cC + dD$$

El valor numérico de la constante de equilibrio dependerá de las unidades en que se expresen las concentraciones.

Si las concentraciones se expresan en moles/litro (concentraciones molares), la constante de equilibrio, que se representa por K_c, viene dada por la ecuación:

$$K_c = \frac{[C]^c \cdot [D]^d}{[A]^a \cdot [B]^b}$$

Donde [A], [B], [C] y [D] son las concentraciones molares de las sustancias reaccionantes cuando la reacción ha alcanzado el equilibrio (no confundirlas con las concentraciones de partida o iniciales); a, b, c y d son los coeficientes con los que figuran dichas sustancias en la ecuación de la reacción.

Si el sistema está constituido por gases, sus concentraciones pueden expresarse en función de las presiones parciales y la constante de equilibrio, que se representa por K_p, viene dada por la ecuación:

$$K_p = \frac{P_C^c \cdot P_D^d}{P_A^a \cdot P_B^b}$$

donde P_A, P_B, P_C y P_D representan las presiones parciales de las sustancias gaseosas reaccionantes cuando la reacción ha alcanzado el equilibrio químico; a, b, c y d son los coeficientes con los que figuran dichas sustancias en la ecuación de la reacción.

En un sistema constituido por una mezcla de gases, la «presión parcial» de uno de sus componentes se define como la presión que ejercería dicho componente si se encontrase solo, ocupando un volumen igual al que ocupa el sistema y a la misma temperatura que éste.

La suma de las presiones parciales de los componentes del sistema es la presión total del sistema (ley de Dalton de las presiones parciales).

Así, si un sistema constituido por n_A moles de un gas A, n_B moles de otro gas B, ..., ocupa un volumen V a una temperatura absoluta T. La presión parcial de cada componente se puede calcular a partir de las leyes de los gases, PV = nRT:

$$P_A V = n_A RT \Rightarrow P_A = \frac{n_A}{V} RT$$

$$P_B V = n_B RT \Rightarrow P_B = \frac{n_B}{V} RT$$

....

Sumando las expresiones anteriores:

$$P_A + P_B + ... = \frac{n_A + n_B + ...}{V} RT$$

La suma de las presiones parciales es la presión total, P:

$$P = \frac{n_A + n_B + ...}{V} RT$$

despejando:

$$\frac{RT}{V} = \frac{P}{n_A + n_B + ...}$$

sustituyendo en la expresión de P_A:

$$P_A = \frac{n_A}{V} RT = \frac{n_A}{n_A + n_B + ...} P$$

Como $\frac{n_A}{n_A + n_B + ...} = x_A$ es la fracción molar del componente A en la mezcla:

$$P_A = x_A P$$

Por consiguiente, la presión parcial de cada compuesto se puede obtener a partir de cualquiera de las dos expresiones:

$$P_A = \frac{n_A}{V} RT \quad \text{o} \quad P_A = x_A P$$

La relación entre el valor de la constante de equilibrio expresado en función de las presiones parciales, K_p y el expresado en función de las concentraciones molares, K_c, viene dada por la siguiente expresión:

$$K_p = K_c(RT)^{\Delta n}$$

donde R es la constante de los gases; T, la temperatura en la escala absoluta; y Δn es la diferencia entre: la suma de los coeficientes con los que figuran las sustancias gaseosas en el segundo miembro de la ecuación de la reacción, y la suma de los mismos en el primer miembro.

NOTA: En la aplicación de la ley de acción de masas a los equilibrios químicos hay que tener en cuenta:

- Si el equilibrio es homogéneo (aquel que se establece entre sustancias reaccionantes que presentan todas el mismo estado físico), en la expresión de la constante de equilibrio K_c (o K_p) aparecen las concentraciones (o presiones parciales) de todas las sustancias reaccionantes.
- Si el equilibrio es heterogéneo (aquel que se establece entre sustancias reaccionantes que tienen distinto estado físico), en la expresión de la constante de equilibrio K_c (o K_p) solamente deben aparecer las concentraciones (o presiones parciales) de aquellas sustancias que se presentan en estado gaseoso, ya que las concentraciones de los sólidos o los líquidos puros son constantes, por lo que ya se incluyen en la constante de equilibrio.

4.4. Factores que afectan al equilibrio químico. Principio de Le Chatelier

Los factores que afectan al equilibrio son la temperatura, la presión y la concentración de las sustancias que intervienen en la reacción.

Si tenemos una reacción en equilibrio y varía alguno de estos factores, se rompe el equilibrio. Entonces, la reacción evoluciona en un sentido u otro, hasta alcanzar un nuevo estado de equilibrio.

El sentido hacia el que se desplaza el equilibrio al modificar alguno de estos factores viene determinado por la siguiente ley, enunciada por Le Chatelier (principio de Le Chatelier):

> *«Cuando en un sistema en equilibrio se varía algún factor externo, el equilibrio se desplaza en el sentido que tienda a contrarrestar dicha variación.»*

Vamos a estudiar brevemente la aplicación de este principio a cada uno de los factores mencionados.

Efecto de la temperatura

Al aumentar la temperatura de un sistema en equilibrio, éste se desplaza en el sentido en que se absorbe calor, es decir, se favorece la reacción endotérmica.

Inversamente, si la temperatura disminuye, el equilibrio se desplaza en el sentido en que se desprende calor, es decir, se favorece la reacción exotérmica.

Efecto de la presión

La presión y el volumen de un gas son magnitudes inversamente proporcionales, al aumentar la presión disminuye el volumen que ocupa el gas, contrarrestándose de esta manera el aumento de presión.

Por tanto, al aumentar la presión en un equilibrio químico, éste se desplaza en el sentido en el que se produzca una disminución de volumen, es decir, hacia el miembro de la ecuación química cuya suma de los coeficientes de las sustancias gaseosas sea menor (en el caso de que dicha suma sea igual en los dos miembros, la presión no ejerce ninguna influencia sobre el equilibrio químico). El efecto contrario ocurrirá al disminuir la presión.

Efecto de las concentraciones

Al aumentar la concentración de cualquiera de las sustancias que intervienen en un equilibrio químico, éste se desplaza hacia el lado contrario del que interviene dicha sustancia, pues el aumento de concentración se contrarresta consumiéndose dicha sustancia en la reacción. Lo contrario ocurrirá si disminuye la concentración.

La constante de equilibrio permite determinar el sentido en que evoluciona una transformación química reversible y la composición del sistema cuando se alcance el equilibrio, en función de las concentraciones iniciales de las sustancias reaccionantes.

Así, sea la reacción:

$$aA + bB \rightleftarrows cC + dD$$

y $[A]_{in}$, $[B]_{in}$, $[C]_{in}$ y $[D]_{in}$ las concentraciones iniciales de las sustancias reaccionantes. Pueden presentarse los tres casos siguientes:

– Si $\dfrac{[C]_{in}^{c}\ [D]_{in}^{d}}{[A]_{in}^{a}\ [B]_{in}^{b}} = K_c$

siendo K_c la constante de equilibrio para esa reacción.

El sistema se encuentra en equilibrio, por lo que las concentraciones iniciales coinciden con las del equilibrio.

– Si $\frac{[C]_{in}^{c}\,[D]_{in}^{d}}{[A]_{in}^{a}\,[B]_{in}^{b}} < K_c$

El sistema evoluciona hacia la derecha, ya que las concentraciones del numerador han de aumentar y las de denominador disminuir para que la expresión sea igual a K_c, alcanzándose entonces el equilibrio.

– Si $\frac{[C]_{in}^{c}\,[D]_{in}^{d}}{[A]_{in}^{a}\,[B]_{in}^{b}} > K_c$

El sistema evoluciona hacia la izquierda, ya que las concentraciones que figuran en el numerador han de disminuir y por consiguiente, aumentar las del denominador, para que la expresión sea igual a K_c, alcanzándose en ese momento el equilibrio.

Igualmente ocurre con K_p respecto a la presiones parciales iniciales de las sustancias gaseosas reaccionantes.

NOTA: Es conveniente tener en cuenta que los catalizadores no producen ninguna modificación en el equilibrio, ya que ejercen su acción tanto en la reacción directa como en la inversa; lo único que hacen es que la consecución del punto de equilibrio se acelere (catálisis positiva) o se retarde (catálisis negativa).

PROBLEMAS RESUELTOS

1. **El calor de combustión del metano es 889,5 kJ/mol. Si deseamos obtener un calor de 533,7 kJ. Calcular:**

   a) **El volumen de oxígeno, medido en condiciones normales (CN) necesario para la combustión.**

   b) **La masa de metano que se necesita.**

   En la combustión del metano (CH_4), esta sustancia se combina con el oxígeno (O_2) formándose dióxido de carbono (CO_2) y agua (H_2O), y se desprende calor (reacción exotérmica).

   Masas atómicas: C = 12; H =1

   Solución:

   Antes de realizar ningún cálculo es necesario escribir y ajustar la ecuación química correspondiente a la combustión del metano. Esta ecuación, ya ajustada es:

$$CH_4 + 2O_2 \longrightarrow CO_2 + 2H_2O$$

   Como el calor de combustión del metano (889,5 kJ/mol) está referido a un mol de metano, la ecuación termoquímica de este proceso es:

$$CH_4 + 2O_2 \longrightarrow CO_2 + 2H_2O + 889{,}5 \text{ kJ}$$

   Es decir, «un mol de CH_4 se combina con dos moles de O_2 formándose un mol de CO_2 y dos moles de H_2O, desprendiéndose 889,5 kJ de calor».

   a) Con 2 moles de O_2 se obtienen 889,5 kJ

$$533{,}7\cancel{kJ} \cdot \frac{2 \text{ moles de } O_2}{889{,}5\cancel{kJ}} = 1{,}2 \text{ moles de } O_2$$

   Como 1 mol de O_2 ocupa un volumen de 22,4 l en CN:

$$1{,}2 \cancel{\text{moles de } O_2} \cdot \frac{22{,}4 \text{ l en CN}}{1 \cancel{\text{mol de } O_2}} = 26{,}88 \text{ l de } O_2 \text{ en CN}$$

   b) Con 1 mol de CH_4 se obtienen 889,5 kJ

$$533{,}7\cancel{kJ} \cdot \frac{1 \text{ mol de } CH_4}{889{,}5\cancel{kJ}} = 0{,}6 \text{ moles de } CH_4$$

   La masa molecular del CH_4 es: $12 + 4 \cdot 1 = 16$

Luego:

$$0{,}6\ \text{moles de } CH_4 \cdot \frac{16\ g\ de\ CH_4}{1\ mol\ de\ CH_4} = 9{,}6\ g\ de\ CH_4$$

2. Calcula, teniendo en cuenta los datos que se ofrecen, la variación de entalpía en la reacción de combustión del metano.

$$CH_{4\,(g)} + 2O_{2\,(g)} \longrightarrow CO_{2\,(g)} + 2H_2O_{(l)}$$

Datos:

$$\Delta H^{\circ}_{f(CO_2)} = -393{,}1\ \frac{kJ}{mol}$$

$$\Delta H^{\circ}_{f(H_2O)} = -285{,}5\ \frac{kJ}{mol}$$

$$\Delta H^{\circ}_{f(CH_4)} = -74{,}8\ \frac{kJ}{mol}$$

Solución:

La reacción de combustión del metano puede obtenerse combinando otras ecuaciones, de las que se conoce la variación de entalpía:

a) $C_{(s)} + O_{2(g)} \longrightarrow CO_{2(g)}$ $\quad \Delta H^{\circ} = -393{,}1 kJ$

b) $2H_{2(g)} + O_{2(g)} \longrightarrow 2H_2O_{(l)}$ $\quad \Delta H^{\circ} = 2 \cdot (-285{,}5)\ kJ$

c) $CH_{4(g)} \longrightarrow C_{(s)} + 2H_{2(g)}$ $\quad \Delta H^{\circ} = +74{,}8 kJ$

La ecuación que corresponde a la combustión del metano se obtiene sumando las ecuaciones (a) + (b) + (c):

$$\Delta H^{\circ} = -393{,}1 + 2 \cdot (-285{,}5) + 74{,}8 = -889{,}3\ \frac{kJ}{mol}$$

Este problema también puede resolverse aplicando la expresión:

$$\Delta H^{\circ} = \sum \Delta H^{\circ}_{f_{productos}} - \sum \Delta H^{\circ}_{f_{reactivos}}$$

La expresión anterior, para este caso, puede escribirse:

$$\Delta H^{\circ}_{reacción} = \Delta H^{\circ}_{f(CO_2)} + 2 \cdot \Delta H^{\circ}_{f(H_2O)} - \Delta H^{\circ}_{f(CH_4)} - 2 \cdot \Delta H^{\circ}_{f(O_2)}$$

Sustituyendo los datos y teniendo en cuenta que $\Delta H^\circ_{f(O_2)} = 0$, ya que el oxígeno es una sustancia simple:

$$\Delta H^\circ = -393{,}1 + 2 \cdot (-285{,}5) - (-74{,}8) - 0 = -889{,}3 \frac{kJ}{mol}$$

3. **A partir de las siguientes ecuaciones termoquímicas:**

$$S + O_2 \longrightarrow SO_2 \qquad \Delta H = -70{,}96 \text{ kcal}$$

$$SO_2 + \frac{1}{2} O_2 \longrightarrow SO_3 \qquad \Delta H = -23{,}49 \text{ kcal}$$

Determinar el calor de formación del trióxido de azufre.

Solución:

El calor de formación del SO_3 es calor que se absorbe o desprende en la formación de 1 mol de SO_3 a partir de sus elementos:

$$S + \frac{3}{2} O_2 \longrightarrow SO_3 \pm Q$$

Si expresamos de la siguiente forma las ecuaciones dadas, y las sumamos:

$$S + O_2 \longrightarrow SO_2 + 70{,}96 \text{ kcal}$$

$$SO_2 + \frac{1}{2} O_2 \longrightarrow SO_3 + 23{,}49 \text{ kcal}$$

$$S + O_2 + SO_2 + \frac{1}{2} O_2 \longrightarrow SO_2 + SO_3 + 94{,}45 \text{ kcal}$$

Simplificando:

$$S + \frac{3}{2} O_2 \longrightarrow SO_3 + 94{,}45 \text{ kcal}$$

$$\Delta H_f = -94{,}45 \frac{kcal}{mol}$$

El calor de formación del SO_3 es $-94{,}45 \frac{kcal}{mol}$.

4. Las entalpías de formación a 25 °C y 1 atm de presión del butano (C_4H_{10}), del dióxido de carbono (CO_2) y del agua líquida son, respectivamente:

–29,8 kcal/mol, –94 kcal/mol y –68,3 kcal/mol

a) Escribe y ajusta la reacción de combustión del butano.

b) Obtener la entalpía de esta reacción a 25 °C y 1 atm.

c) Calcular el peso de butano necesario para obtener 44,8 litros de CO_2 en condiciones normales.

Masas atómicas: C = 12; H = 1

Solución:

a) La reacción de combustión del butano es:

$$C_4H_{10} + \frac{13}{2} O_2 \longrightarrow 4CO_2 + 5H_2O \pm Q$$

b) Las reacciones de formación del C_4H_{10}, H_2O y CO_2 son:

$$4C + 5H_2 \longrightarrow C_4H_{10} + 29{,}8 \text{ kcal}$$

$$H_2 + \frac{1}{2} O_2 \longrightarrow H_2O + 68{,}3 \text{ kcal}$$

$$C + O_2 \longrightarrow CO_2 + 94 \text{ kcal}$$

Ordenemos estas reacciones según la de combustión del butano, y sumándolas:

$$C_4H_{10} \longrightarrow 4C + 5H_2 - 29{,}8 \text{ kcal}$$

$$4C + 4O_2 \longrightarrow 4CO_2 + 376 \text{ kcal}$$

$$5H_2 + \frac{5}{2} O_2 \longrightarrow 5H_2O + 341{,}5 \text{ kcal}$$

$$C_4H_{10} + 4C + 4O_2 + 5H_2 + \frac{5}{2} O_2 \longrightarrow 4C + 5H_2 + 4CO_2 + 5H_2O + 687{,}7 \text{ kcal}$$

Simplificando:

$$C_4H_{10} + \frac{13}{2} O_2 \longrightarrow 4CO_2 + 5H_2O + 687{,}7 \text{ kcal}$$

$$\Delta H = -687{,}7 \frac{\text{kcal}}{\text{mol}}$$

c) En la ecuación de combustión del butano se observa que con un mol de butano se obtienen cuatro moles de dióxido de carbono, es decir, con 58 g de C_4H_{10} (masa molecular del butano = 58 g/mol) se obtienen 89,6 l de CO_2 en CN (4 · 22,4 l = 89,6 l).

$$44{,}8\ \cancel{\text{l de } CO_2}\ \frac{58 \text{ g de } C_4H_{10}}{89{,}6\ \cancel{\text{l de } CO_2}} = 29 \text{ g de } C_4H_{10}$$

Luego, para obtener 44,8 l de CO_2 en condiciones normales se necesitan 29 g de butano.

5. En un recipiente cerrado de 10 l de capacidad se introduce nitrógeno e hidrógeno, produciéndose la reacción:

$$N_{2(g)} + 3H_{2(g)} \rightleftarrows 2NH_{3(g)}$$

Cuando se alcanza el equilibrio la temperatura es de 27 °C y el recipiente contiene 280 g de N_2, 32 g de H_2 y 17 g de NH_3, todos en estado gaseoso. Calcular:

a) La constante de equilibrio, K_c.

b) La constante de equilibrio, K_p a partir de las presiones parciales de las sustancias reaccionantes y a partir de la relación: $K_p = K_c (RT)^{\Delta n}$, y comparar los resultados.

Masas atómicas: N = 14, H = 1.

Solución:

a) La expresión de la constante de equilibrio K_c en este caso es:

$$K_c = \frac{[NH_3]^2}{[N_2][H_2]^3}$$

Calculemos las concentraciones en el equilibrio de cada una de las sustancias reaccionantes:

$$\text{El número de moles de } N_2 = \frac{\text{n° de gramos de } N_2}{\text{masa molecular del } N_2} = \frac{280}{28} = 10 \text{ moles}$$

$$[N_2] = \frac{\text{n° de moles de } N_2}{V} = \frac{10 \text{ moles}}{10 \text{ l}} = 1 \text{ M}$$

$$\text{n° de moles de } H_2 = \frac{32}{2} = 16 \text{ moles; } [H_2] = \frac{16 \text{ moles}}{10 \text{ l}} = 1{,}6 \text{ M}$$

$$n^o \text{ de moles de } NH_3 = \frac{17}{17} = 1 \text{ mol}; \ [NH_3] = \frac{1 \text{ mol}}{10 \text{ l}} = 0{,}1 \text{ M}$$

Sustituyendo en la expresión de K_c, tenemos:

$$K_c = \frac{0{,}1^2}{1 \cdot 1{,}6^3} = 2{,}5 \cdot 10^{-3}$$

b) La expresión de K_p para este equilibrio es:

$$K_p = \frac{P^2_{HN_3}}{P_{N_2} \cdot P^3_{H_2}}$$

Calculamos las presiones parciales de cada una de las sustancias a partir de $P \cdot V = nRT \Rightarrow P = \frac{n}{V} RT$:

$$P_{N_2} = \frac{10 \text{ moles}}{10 \text{ l}} \cdot 0{,}082 \frac{\text{atm l}}{\text{K mol}} \cdot 300\text{K} = 24{,}6 \text{ atm}$$

$$P_{H_2} = \frac{16 \text{ moles}}{10 \text{ l}} \cdot 0{,}082 \frac{\text{atm l}}{\text{K mol}} \cdot 300\text{K} = 39{,}36 \text{ atm}$$

$$P_{NH_3} = \frac{1 \text{moles}}{10 \text{ l}} \cdot 0{,}082 \frac{\text{atm l}}{\text{K mol}} \cdot 300\text{K} = 2{,}46 \text{ atm}$$

Sustituyendo en la expresión de K_p:

$$K_p = \frac{2{,}46^2}{24{,}6 \cdot 39{,}36^3} = 4{,}1 \cdot 10^{-6}$$

Calculemos ahora, K_p a partir de $K_p = K_c(RT)^{\Delta n}$, teniendo en cuenta que en este caso $\Delta n = 2 - (1 + 3) = -2$

$$K_p = 2{,}5 \cdot 10^{-3} \cdot (0{,}082 \cdot 300)^{-2} = 4{,}1 \cdot 10^{-6}$$

Observamos que ambos resultados coinciden.

6. **En un recipiente se mezclan 2 moles de $CO_{2(g)}$ y 2 moles de $H_{2(g)}$. Al establecerse el equilibrio a 550 °C la presión total es de 1 atm y se han formado 0,540 moles de $H_2O_{(g)}$ y 0,540 moles de $CO_{(g)}$. Calcular la constante de equilibrio K_p para el proceso:**

$$CO_{2_{(g)}} + H_{2\,(g)} \rightleftarrows CO_{(g)} + H_2O_{(g)}$$

Solución:

Inicialmente se dispone de 2 moles de CO_2 y 2 moles de H_2, por tanto el sistema evoluciona hacia la derecha reaccionando x moles de CO_2 con x moles de H_2, con lo que se forman x moles de CO y x moles de H_2O (ya que de la estequiometría de la reacción se deduce que por cada mol de CO_2 que reacciona con un mol de H_2, se forma un mol de CO y un mol de H_2O). Como en el equilibrio se han formado 0,540 moles de H_2O y 0,540 moles de CO, entonces x = 0,540.

Por tanto en el equilibrio habrá:

$2 - x = 2 - 0{,}540 = 1{,}46$ moles de CO_2

$2 - x = 2 - 0{,}540 = 1{,}46$ moles de H_2

$x = 0{,}540$ moles de CO

$x = 0{,}540$ moles de H_2O

Por lo que el número de moles totales en el equilibrio es:

$$1{,}46 + 1{,}46 + 0{,}54 + 0{,}54 = 4{,}00 \text{ moles}$$

Calculemos la fracción molar y la presión parcial de cada componente:

$$x_{CO_2} = \frac{n^o \text{ moles de } CO_2}{n^o \text{ moles totales}} = \frac{1{,}46 \text{ moles}}{4 \text{ moles}} = 0{,}365$$

$$P_{CO_2} = x_{CO_2} \cdot P = 0{,}365 \cdot 1 \text{ atm} = 0{,}365 \text{ atm}$$

$$x_{H_2} = \frac{1{,}46 \text{ moles}}{4 \text{ moles}} = 0{,}365$$

$$P_{H_2} = x_{H_2} \cdot P = 0{,}365 \cdot 1 \text{ atm} = 0{,}365 \text{ atm}$$

$$x_{CO} = \frac{0{,}540 \text{ moles}}{4 \text{ moles}} = 0{,}135$$

$$P_{CO} = x_{CO} \cdot P = 0{,}135 \cdot 1 \text{ atm} = 0{,}135 \text{ atm}$$

$$x_{H_2O} = \frac{0{,}540 \text{ moles}}{4 \text{ moles}} = 0{,}135$$

$$P_{H_2O} = x_{H_2O} \cdot P = 0{,}135 \cdot 1 \text{ atm} = 0{,}135 \text{ atm}$$

Sustituyendo en la expresión de K_p para este equilibrio:

$$K_p = \frac{P_{CO} \cdot P_{H_2O}}{P_{CO_2} \cdot P_{H_2}} = \frac{0{,}135 \cdot 0{,}135}{0{,}365 \cdot 0{,}365} = 0{,}137$$

7. En un recipiente se introduce una mezcla formada por un mol de $I_{2(g)}$, 2 moles de $H_{2(g)}$ y 4 moles de $HI_{(g)}$; dicha mezcla se calienta hasta 440 ºC, estableciéndose a esa temperatura el equilibrio:

$$I_{2(g)} + H_{2(g)} \rightleftarrows 2HI_{(g)}$$

Sabiendo que el valor de la constante de equilibrio a esa temperatura es $K_c = 50$, determinar la composición de la mezcla de gases en el equilibrio.

Solución:

En primer lugar tenemos que determinar hacia qué lado evoluciona el sistema; para ello comparamos el valor de K_c con el que obtenemos de la expresión:

$$\frac{[HI]_{in}^2}{[I_2]_{in} \cdot [H_2]_{in}} = \frac{\left(\frac{4}{V}\right)^2}{\left(\frac{1}{V}\right) \cdot \left(\frac{2}{V}\right)} = \frac{16}{2} = 8 < K_c = 50$$

Luego el sistema evoluciona hacia la derecha, reaccionando x moles de I_2 con x moles de H_2 para formar 2x moles de HI (ya que la estequiometría de la reacción se observa que por cada mol de I_2 que reacciona con un mol de H_2, se forman dos moles de HI). Por lo que cuando se alcance el equilibrio el sistema estará formado por:

1 - x moles de I_2

2 - x moles de H_2

4 + 2x moles de HI

Sustituyendo en la expresión de K_c para este equilibrio, y como $K_c = 50$:

$$K_c = \frac{[HI]^2}{[I_2] \cdot [H_2]}; 50 = \frac{\left(\frac{(4+2x)}{V}\right)^2}{\left(\frac{(1-x)}{V}\right) \cdot \left(\frac{(2-x)}{V}\right)};$$

$$50 = \frac{(4 + 2x)^2}{(1 - x)\ (2 - x)};\ 50\ (1 - x)\ (2 - x) = (4 + 2x)^2$$

$$50x^2 - 150x + 100 = 4x^2 + 16x + 16;\ 46x^2 - 166x + 84 = 0$$

Resolvamos la ecuación de segundo grado que resulta, para ello la dividimos entre 2, obteniendo:

$$23x^2 - 83x + 42 = 0; x = \frac{83 \pm \sqrt{83^2 - 4 \cdot 23 \cdot 42}}{2 \cdot 23} = \begin{cases} x_1 = 3 \text{ moles} \\ x_2 = 0{,}609 \text{ moles} \end{cases}$$

Como x representa el número de moles de I_2 e H_2 que se han consumido cuando se ha alcanzado el equilibrio, la solución x = 3 moles no es válida, ya que inicialmente sólo se disponía de 1 mol de I_2. Por tanto x = 0,609 moles. Luego la composición del sistema en el equilibrio es:

1 - x = 1 - 0,609 = 0,391 moles de I_2

2 - x = 2 - 0,609 = 1,391 moles de H_2

4 + 2x = 4 + 2 · 0,609 = 5,218 moles de HI

8. **A 420 °C la constante de equilibrio, K_c, de la reacción vale 1,07 · 10^{-7}**

$$2HgO_{(s)} \rightleftarrows 2Hg_{(g)} + O_{2\,(g)}$$

En un recipiente de 1l se introduce $HgO_{(s)}$ en exceso y se calienta a 420 °C. Calcular las concentraciones de $Hg_{(g)}$ y $O_{2(g)}$ cuando se alcanza el equilibrio.

Solución:

Se trata de un equilibrio heterogéneo ya que todas las sustancias reaccionantes no presentan el mismo estado físico. Por tanto en la expresión de la constante de equilibrio sólo figuran las sustancias gaseosas:

$$K_c = [Hg]^2\,[O_2]$$

De la estequiometría de la ecuación química observamos que por cada dos moles de Hg que se formen, se obtendrá un mol de O_2, por lo que cuando se alcance el equilibrio se habrán formado 2x moles de Hg y x moles de O_2. Por tanto:

$$[Hg] = \frac{2x \text{ moles}}{1\,l} = 2x; \quad [O_2] = \frac{x \text{ moles}}{1\,l} = x$$

Sustituyendo en la expresión de K_c, así como el valor de esta constante:

$$1{,}07 \cdot 10^{-7} = (2x)^2 \cdot x = 4x^3; \; x = 3 \cdot 10^{-3}$$

Luego las concentraciones de equilibrio son:

$$[Hg] = 2x = 6 \cdot 10^{-3}M;\ [O_2] = x = 3 \cdot 10^{-3}M$$

9. **La descomposición del $HgO_{(s)}$ a 420 °C se realiza según:**

$$2HgO_{(s)} \rightleftarrows 2Hg_{(g)} + O_{2\,(g)}$$

Se introduce en un matraz una cierta cantidad de HgO y se calienta a 420 °C. La presión en el matraz una vez establecido el equilibrio es 0,51 atm. Calcula la constante de equilibrio, K_p.

Solución:

Se trata de un equilibrio heterogéneo, por tanto:

$$K_p = P_{Hg}^2 \cdot P_{O_2}$$

De la estequiometría de la ecuación se deduce que la presión parcial ejercida por el Hg es el doble que la del O_2, ya que en el equilibrio se forman 2x moles de Hg y x moles de O_2:

$$x_{Hg} = \frac{2x}{2x+x} = \frac{2x}{3x} = \frac{2}{3};\ P_{Hg} = x_{Hg} \cdot P = \frac{2}{3} \cdot 0{,}51\,\text{atm} = 0{,}34\ \text{atm}$$

$$x_{O_2} = \frac{x}{2x+x} = \frac{x}{3x} = \frac{1}{3};\ P_{O_2} = x_{O_2} \cdot P = \frac{1}{3} \cdot 0{,}51\,\text{atm} = 0{,}17\ \text{atm}$$

Sustituyendo en la expresión de K_p:

$$K_p = 0{,}34^2 \cdot 0{,}17 = 1{,}96 \cdot 10^{-2}$$

10. **En cada uno de los equilibrios químicos siguientes:**

A) $2\,H_{2(g)} + O_{2\,(g)} \rightleftarrows 2H_2O_{(g)}$ $\quad \Delta H = -115{,}6$ **kcal**

B) $C_{(s)} + H_2O_{(g)} \rightleftarrows CO_{(g)} + H_{2\,(g)}$ $\quad \Delta H = 23{,}4$ **kcal**

Indicar qué efectos producirá:

a) Un aumento de la temperatura.

b) Un aumento de la presión.

c) La adición de tres moles de $H_2O_{(g)}$.

Solución:

A) $2H_{2(g)} + O_{2(g)} \rightleftarrows 2H_2O_{(g)}$ $\Delta H = -115,6$ kcal

a) Como la reacción directa es exotérmica, un aumento de la temperatura desplaza el equilibrio hacia la izquierda ya que en este sentido es en el que se absorbe calor.

b) Como la suma de los coeficientes de las sustancias gaseosas es 2 + 1 = 3 en el primer miembro y 2 en el segundo, al aumentar la presión el equilibrio se desplaza hacia la derecha, ya que en este sentido disminuye el volumen.

c) Al añadir tres moles de $H_2O_{(g)}$ el equilibrio se desplaza hacia la izquierda, pues en este sentido se consume $H_2O_{(g)}$.

B) $C_{(s)} + H_2O_{(g)} \rightleftarrows CO_{(g)} + H_{2(g)}$ $\Delta H = 23,4$ kcal

a) Como la reacción directa es endotérmica, un aumento de la temperatura desplazará el equilibrio hacia la derecha, pues en este sentido la reacción absorbe calor.

b) La suma de los coeficientes de las sustancias gaseosas es 1 en el primer miembro y 1 + 1 = 2 en el segundo, por lo que un aumento de la presión desplaza el equilibrio hacia la izquierda, disminuyendo el volumen de esta forma.

c) Al añadir tres moles de $H_2O_{(g)}$ el equilibrio se desplaza hacia la derecha, que es en el sentido en el que se consume $H_2O_{(g)}$.

PROBLEMAS

1. **Dada la ecuación termoquímica:**

   $2N_2O_3 + 56{,}8\ kJ \longrightarrow 2NO + N_2O_4$

   Si a una cantidad suficiente de N_2O_3 le comunicamos un calor de 71 kJ, calcular:

   a) La masa de N_2O_3 que se descompone.

   b) El volumen de N_2O_4 (gas), medido en CN, que se obtiene.

   Masas atómicas: N=14; O=16

2. **La ecuación termoquímica correspondiente a la reacción entre el eteno (C_2H_4) y el hidrógeno (H_2) para formar etano (C_2H_6) es:**

   $C_2H_4 + H_2 \longrightarrow C_2H_6 + 136\ kJ$

   Si 35 g de eteno reaccionan con la suficiente cantidad de hidrógeno, calcular:

   a) La cantidad de calor que se desprende.

   b) La masa de etano que se forma.

   Masas atómicas: C=12; H=1

3. **La combustión de 1 g de etano (C_2H_6) produce una cantidad de calor de 52 kJ. Calcular el calor de combustión del etano. (Recuérdese que el calor de combustión de una sustancia se define como el calor desprendido en la combustión de un mol de la misma).**

   Masas atómicas: C=12; H=1

4. **Calcular el calor de formación del metano (CH_4), si la ecuación de la reacción es:**

   $$C_{(grafito)} + 2H_{2(g)} \longrightarrow CH_{4(g)}$$

   DATOS

   $CH_{4(g)} + 2O_{2(g)} \longrightarrow CO_{2(g)} + 2H_2O_{(l)}$ $\Delta H^o = -889{,}5\ kJ$

   $C_{(grafito)} + O_{2(g)} \longrightarrow CO_{2(g)}$ $\Delta H^o = -393{,}1\ kJ$

   $H_{2(g)} + \frac{1}{2}O_{2(g)} \longrightarrow H_2O_{(l)}$ $\Delta H^o = -285{,}6\ kJ$

5. **Conocida la variación de entalpía de las reacciones cuyas ecuaciones se indican:**

   $C_{(grafito)} + O_{2(g)} \longrightarrow CO_{2(g)}$ $\Delta H^o = -393{,}1\ kJ$

$$CO_{(g)} + \frac{1}{2}O_{2(g)} \longrightarrow CO_{2(g)} \qquad \Delta H^o = -282{,}7 \text{ kJ}$$

Calcula la variación de entalpía para la reacción cuya ecuación es:

$$C_{(grafito)} + \frac{1}{2}O_{2(g)} \longrightarrow CO_{(g)}$$

6. Calcula ΔH° para la reacción cuya ecuación es:

$$2N_2O_{3\,(g)} \longrightarrow 2NO_{(g)} + N_2O_{4(g)}$$

Sabiendo que:

$$NO_{(g)} + NO_{2(g)} \longrightarrow N_2O_{3\,(g)} \qquad \Delta H^o = -40{,}1 \text{ kJ}$$

$$N_2O_{4(g)} \longrightarrow 2NO_{2\,(g)} \qquad \Delta H^o = 23{,}4 \text{ kJ}$$

7. Calcula la entalpía de formación de la cianamida (CH_2N_2), si conoces la entalpía de combustión:

$$CH_2N_{2(g)} + \frac{3}{2}O_{2(g)} \longrightarrow CO_{2(g)} + H_2O_{(l)} + N_{2(g)}; \quad \Delta H^o = -740{,}7 \text{ kJ}$$

y los siguientes calores de formación:

$$CO_{2(g)}: \quad \Delta H_f^o = -393{,}1\frac{\text{kJ}}{\text{mol}}$$

$$H_2O_{(l)}: \quad \Delta H_f^o = -285{,}5\frac{\text{kJ}}{\text{mol}}$$

8. Calcula el calor de combustión del acetaldehído (etanal) (CH_3CHO) a partir de los siguientes calores de formación:

$$CH_3CHO: \quad \Delta H_f^o = -190{,}6\frac{\text{kJ}}{\text{mol}}$$

$$CO_{2(g)}: \quad \Delta H_f^o = -393{,}1\frac{\text{kJ}}{\text{mol}}$$

$$H_2O_{(l)}: \quad \Delta H_f^o = -285{,}5\frac{\text{kJ}}{\text{mol}}$$

9. En la combustión del $C_2H_{6(g)}$ y del $C_2H_{4(g)}$ se produce en ambos casos $CO_{2(g)}$ y $H_2O_{(l)}$, desprendiendo 1560,2 kJ/mol y 1411,3 kJ/mol, respectivamente; sabiendo

que la entalpía de formación del agua líquida es -285,5 kJ/mol, calcula la variación de entalpía de la reacción:

$$C_2H_{4(g)} + H_{2(g)} \longrightarrow C_2H_{6(g)}$$

10. Calcular la variación de entalpía que tiene lugar en el siguiente proceso: polimerización (unión de moléculas para formar grandes moléculas) del acetileno para dar benceno.

$$3C_2H_2 \longrightarrow C_6H_6$$

$$\Delta H_{f(C_2H_2)} = 54\,\frac{kcal}{mol}$$

$$\Delta H_{f(C_6H_6)} = 20\,\frac{kcal}{mol}$$

11. La $\Delta H_{combustión}$ del butano (C_4H_{10}) es -687,7 kcal/mol. Las ΔH_f del CO_2 y del H_2O son –94 kcal/mol y –68,3 kcal/mol. Hallar la ΔH_f del butano.

$$4C + 5H_2 \longrightarrow C_4H_{10}$$

12. Los calores de combustión del hidrógeno y del CO son 68320 cal/mol y 67410 cal/mol. Cuando 2,8 g de CO reaccionan con la cantidad suficiente de hidrógeno para producir metanol (CH_3OH) se desprenden 3170 calorías. Calcular el calor de combustión del metanol líquido.

Masas atómicas: C = 12; O = 16

13. Escribe la expresión de la constante de equilibrio que corresponde a las siguientes reacciones en fase gaseosa:

a) $N_{2(g)} + 3H_{2(g)} \rightleftarrows 2NH_{3(g)}$

b) $2NO_{2(g)} \rightleftarrows N_2O_{4(g)}$

c) $2CO_{(g)} + O_{2(g)} \rightleftarrows 2CO_{2(g)}$

d) $COCl_{2(g)} \rightleftarrows CO_{(g)} + Cl_{2(g)}$

14. Para la reacción reversible cuya ecuación es:

$$PCl_{5(g)} \rightleftarrows PCl_{3(g)} + Cl_{2(g)} + \text{calor}$$

Indica el efecto de:

a) Un aumento de temperatura.

b) Un aumento de presión.

c) Añadir cloro.

d) Añadir pentacloruro de fósforo.

e) La presencia de un catalizador.

15. Escribe la expresión de la constante de equilibrio para la reacción:

$$4HCl_{(g)} + O_{2(g)} \rightleftarrows 2H_2O_{(g)} + 2Cl_{2(g)}$$

16. ¿Qué ocurrirá a los siguientes equilibrios si se aumenta la temperatura?

a) $2SO_2 + O_2 \rightleftarrows 2SO_3 + \text{calor}$

b) $N_2 + O_2 \rightleftarrows 2NO - \text{calor}$

17. ¿Qué efecto producirá una disminución de presión sobre los siguientes equilibrios?

a) $I_{2(g)} + H_{2(g)} \rightleftarrows 2HI_{(g)}$

b) $N_{2(g)} + O_{2(g)} \rightleftarrows 2NO_{(g)}$

18. Se inyecta ioduro de hidrógeno en un recipiente a 450 °C. El HI se disocia, formando H_2 e I_2. Establecido el equilibrio, se observa que las concentraciones existentes son:

$$[HI] = 0{,}42\ M, \quad [H_2] = [I_2] = 0{,}06\ M$$

Calcula el valor de la constante de equilibrio para el proceso de disociación del HI, a 450 °C.

19. Se calienta a 250 °C cierta cantidad de PCl_5 en un recipiente de un litro. En el equilibrio la concentración de los gases en el recipiente es la siguiente:

$$[PCl_5] = 7{,}05\frac{mol}{l} \quad [PCl_3] = 0{,}54\frac{mol}{l} \quad [Cl_2] = 0{,}54\frac{mol}{l}$$

Calcula la constante de equilibrio para el proceso:

$$PCl_{5(g)} \rightleftarrows PCl_{3(g)} + Cl_{2(g)}$$

20. Se sabe que cuando el proceso: $2SO_2 + O_2 \rightleftarrows 2SO_3$ alcanza el equilibrio, un recipiente de 2 litros contiene 96 g de SO_3, 25,6 g de SO_2 y 19,2 g de O_2. Calcula la constante de equilibrio para ese proceso.

Pesos atómicos: S = 32 y O = 16.

21. Calentando a 200 °C cierta cantidad de PCl_5 en un vaso de 10 l se obtiene un estado de equilibrio que contiene 0,26 moles de PCl_5, 0,35 moles de PCl_3 y 0,35 moles de Cl_2. Calcular la constante de equilibrio de la disociación de PCl_5 a dicha temperatura, expresando las concentraciones en moles/litro.

22. El yodo reacciona con el hidrógeno según la ecuación química reversible:

$$I_2 + H_2 \rightleftarrows 2HI$$

Calcular la cantidad de HI que se formará al calentar 0,5 moles de I_2 y 0,5 moles de H_2 en un recipiente de 10 l a 448 °C, sabiendo que la constante de equilibrio de la reacción a la temperatura indicada es $K_c = 50$.

23. Calentando a 1000 ° C, en un recipiente cerrado, una mezcla de 3 moles de anhídrido carbónico y 1 mol de hidrógeno, se alcanza el equilibrio cuando se han formado 0,8 moles de monóxido de carbono e igual cantidad de vapor de agua. Calcular la constante de equilibrio.

24. Se sabe que la constante de equilibrio para la reacción:

$$\underset{\text{(etanol)}}{C_2H_5OH} + \underset{\text{(ácido acético)}}{CH_3\text{–}COOH} \rightleftarrows \underset{\text{(acetato de etilo)}}{CH_3\text{–}COOC_2H_5} + H_2O$$

es $K_c = 4$. Calcular la cantidad de acetato de etilo que se formará al reaccionar 2 moles de etanol y 1 mol de ácido acético.

25. Teniendo en cuenta las indicaciones del problema anterior, calcular cuántos moles de etanol, ácido acético, acetato de etilo y agua se obtienen cuando se parte de 1 mol de etanol y 1 mol de ácido acético.

SOLUCIONES DE LOS PROBLEMAS

1. a) 190 g; b) 28 l

2. a) 170 kJ; b) 37,5 g

3. 1560 kJ/mol

4. –74,8 kJ/mol

5. –110,4 kJ

6. 56,8 kJ

7. 62,1 kJ/mol

8. –1166,6 kJ/mol

9. –136,6 kJ

10. –142 kcal

11. –29,8 kcal/mol

12. –172,35 kcal/mol

13. a) $K_c = \dfrac{[NH_3]^2}{[N_2][H_2]^3}$; b) $K_c = \dfrac{[N_2O_4]}{[NO_2]^2}$; c) $K_c = \dfrac{[CO_2]^2}{[CO]^2[O_2]}$; d) $K_c = \dfrac{[CO][Cl_2]}{[COCl_2]}$

14. a), b) y c) El equilibrio se desplaza hacia la izquieda.

d) El equilibrio se desplaza hacia la derecha.

e) No se altera el equilibrio.

15. $K_c = \dfrac{[H_2O]^2[Cl_2]^2}{[HCl]^4[O_2]}$

16. a) El equilibrio se desplaza hacia la izquierda.

b) El equilibrio se desplaza hacia la derecha.

17. a) y b) No se altera el equilibrio.

18. $K_C = 0{,}02$

19. $K_C = 0{,}041$

20. K_C = 30

21. K_C = 0,047

22. 0,76 moles

23. K_C = 1,45

24. 0,845 moles

25. 1/3 de mol de etanol, 1/3 de mol de ácido acético; 2/3 de mol de acetato de etilo y 2/3 de mol de agua

Tema 6

Reacciones de transferencia de protones

Introducción

Desde muy antiguo se han clasificado como ácidos un grupo de sustancias de propiedades similares y con un comportamiento característico común; igualmente, otras sustancias de comportamiento contrario a las anteriores se han clasificado como bases. Así, pues, las primeras definiciones de ácido y de base hacen referencia a esas características:

- Los ácidos son sustancias cuyas disoluciones tienen un sabor agrio o ácido, cambian a rojo el color azul del tornasol, y además producen efervescencia al actuar sobre la piedra caliza u otros carbonatos.
- Las bases son sustancias cuyas disoluciones tienen sabor cáustico o a lejía, hacen recuperar el color azul al tornasol enrojecido por los ácidos y les hacen perder sus propiedades (neutralizan) cuando se mezclan con ellos.

Los ácidos y las bases constituyen dos grupos de sustancias con propiedades contrarias, uno de otro. Los efectos de los ácidos son contrarrestados por las bases, y viceversa; por ello, las reacciones químicas entre unos y otros se denominan **reacciones de neutralización**.

En una reacción de neutralización, la base se combina con el ácido originándose la sal derivada de este ácido y agua:

$$\text{Base}+\text{Ácido} \longrightarrow \text{Sal}+\text{Agua}$$

Ejemplo: en la reacción de neutralización entre el ácido sulfúrico (H_2SO_4) y el hidróxido de potasio (KOH) (las bases generalmente son hidróxidos), se forma sulfato de potasio (K_2SO_4), que es una sal, y agua (H_2O). La ecuación química correspondiente a esta reacción es:

$$2KOH+H_2SO_4 \longrightarrow K_2SO_4+2H_2O$$

El concepto de ácido y base ha evolucionado con el tiempo, y con la teoría de Brönsted y Lowry ha alcanzado una mayor generalización al considerar como ácido a toda sustancia capaz de ceder protones y como base a toda sustancia capaz de aceptarlos. Por ello, las reacciones de neutralización se denominan también **reacciones de transferencia de protones**, pues en ellas los protones son transferidos del ácido a la base.

1. Teoría de Arrhenius de los ácidos y de las bases

La primera teoría sobre ácidos y bases se debe a Arrhenius, quien al observar el tipo de iones que producían unos y otros al disolverlos en agua, propuso las siguientes definiciones:

- Ácido es toda sustancia que en disolución acuosa se disocia produciendo iones hidrógeno (H^+).
- Base es toda sustancia que en disolución acuosa se disocia produciendo iones hidróxidos (OH^-).

Ejemplos de disociación iónica de ácidos y bases:

- Cloruro de hidrógeno (o ácido clorhídrico): HCl

$$HCl \longrightarrow H^++Cl^-$$

- Ácido nítrico: HNO_3

$$HNO_3 \longrightarrow H^++NO_3^-$$

- Ácido sulfúrico: H_2SO_4

$$H_2SO_4 \longrightarrow 2H^+ + SO_4^{2-}$$

- Hidróxido de sodio: NaOH

$$NaOH \longrightarrow Na^+ + OH^-$$

- Hidróxido de calcio: $Ca(OH)_2$

$$Ca(OH)_2 \longrightarrow Ca^{2+} + 2OH^-$$

2. Concepto de ácido y de base según Brönsted-Lowry

El concepto de ácido y base ha sido generalizado posteriormente por Brönsted y Lowry, quienes propusieron, independientemente uno del otro, las siguientes definiciones:

- Ácido es toda sustancia capaz de ceder protones (los iones hidrógeno, H^+, son protones).
- Base es toda sustancia capaz de aceptar protones.

Por consiguiente, para que una sustancia pueda actuar como ácido, tiene que estar en presencia de otra que actúe como base y acepte los protones cedidos por el ácido. En las disoluciones acuosas el agua desempeña este papel, actúa como base frente a los ácidos, y como ácido frente a las bases.

El ácido, al ceder protones se transforma en una especie química capaz de aceptar protones, es decir, en una base, llamada **base conjugada**:

$$\text{Ácido} \rightleftarrows \text{Base conjugada} + \text{Protones}$$

Tomando como ejemplo el ácido clorhídrico, HCl, al disolverlo en agua se disocia:

$$HCl \rightleftarrows Cl^- + H^+$$

El ion cloruro (Cl^-) es la base conjugada del ácido clorhídrico (HCl).

Igualmente, la base, al aceptar los protones aportados por el ácido se transforma en una especie química capaz de ceder protones, es decir, en un ácido, llamado **ácido conjugado**:

$$\text{Base} + \text{Protones} \rightleftarrows \text{Ácido conjugado}$$

Siguiendo con el ejemplo anterior, los protones cedidos por el ácido clorhídrico deben ser aceptados por otra sustancia que actúe como base, en este caso es el agua quien actúa como base:

$$H_2O + H^+ \rightleftarrows H_3O^+$$

El ion hidronio (H_3O^+) es el ácido conjugado del agua.

La ecuación global correspondiente a ambos procesos es:

$$\text{Ácido}_1 + \text{Base}_2 \rightleftarrows \text{Base}_1 + \text{Ácido}_2$$

Donde «Base_1» es la base conjugada de «Ácido_1» y «Ácido_2» el ácido conjugado de «Base_2».

La ecuación global del ejemplo que seguimos es:

$$HCl + H_2O \rightleftarrows Cl^- + H_3O^+$$

La teoría de Brönsted y Lowry supuso una generalización del concepto de ácido y de base dado por la teoría de Arrhenius, al considerar que el proceso primario de los ácidos es ceder protones y el de las bases ganar protones, y los iones H_3O^+ (en realidad los iones H^+ no pueden existir libres como tales y en disoluciones acuosas se combinan con el agua: $H^+ + H_2O \rightarrow H_3O^+$) y OH^- que se originan, son consecuencia del proceso independiente que experimenta el agua al ganar o ceder protones. En disoluciones con otros disolventes distintos del agua, los ácidos y las bases experimentarían el mismo proceso primario pero los iones formados serían en cada caso distintos.

La teoría de Brönsted y Lowry explica el carácter ácido o básico de disoluciones de ciertas sustancias que no poseen en su molécula hidrógeno o grupos hidróxidos, como por ejemplo el carbonato de sodio (Na_2CO_3) o el amoniaco (NH_3) que dan disoluciones básicas.

3. El equilibrio de disociación del agua. Concepto de pH

3.1. Disociación iónica del agua. Producto iónico del agua

El agua se comporta como ácido y como base (se dice que es un compuesto anfiprótico), ya que es capaz de ceder y de aceptar protones, y se disocia originando iones H^+ y OH^-:

$$H_2O \rightleftarrows H^+ + OH^-$$

Como se dijo antes, los iones hidrógeno no pueden existir libres y se combinan con las moléculas de agua dando iones hidronio (H_3O^+), por lo que es más correcto expresar la ecuación de disociación del agua de la siguiente forma:

$$2H_2O \rightleftarrows H_3O^+ + OH^-$$

Este equilibrio está muy desplazado hacia la izquierda, es decir, la mayor parte de las moléculas existentes en una masa de agua se encuentran sin disociar.

La constante de este equilibrio es:

$$K = \frac{[H_3O^+][OH^-]}{[H_2O]^2}$$

Como el número de moléculas de agua que se disocian en iones es relativamente pequeño, podemos considerar que la concentración de agua se mantiene constante, por lo que suele incluirse en la constante de equilibrio:

$$K[H_2O]^2 = [H_3O^+][OH^-]$$

El producto $K[H_2O]^2$ se denomina **producto iónico del agua**, se representa por K_w y su valor a 25 °C de temperatura es 10^{-14}:

$$K_w = [H_3O^+]\,[OH^-] = 10^{-14}$$

Es importante tener en cuenta que este equilibrio siempre está presente en disoluciones acuosas y, por lo tanto, las concentraciones de H_3O^+ y OH^- se ajustan siempre al producto iónico del agua. Es decir, en cualquier disolución acuosa $[H_3O^+]\,[OH^-] = 10^{-14}$.

Como consecuencia de lo anterior se deduce:

- Disolución neutra: $[H_3O^+] = [OH^-] = 10^{-7}$ M

- Disolución ácida: $[H_3O^+] > [OH^-]$; o sea: $[H_3O^+] > 10^{-7}$ M, $[OH^-] < 10^{-7}$ M
- Disolución básica: $[H_3O^+] < [OH^-]$; o sea: $[H_3O^+] < 10^{-7}$ M, $[OH^-] > 10^{-7}$ M

3.2. Concepto de pH

Para evitar las dificultades que ofrece el trabajar con potencias negativas de 10, Sörensen propuso expresar la concentración de ion hidrógeno (o de ion hidronio) por medio de la denominada notación de pH. El pH se define como:

$$pH = \log \frac{1}{[H^+]} = -\log[H^+]$$

o también como:

$$pH = \log \frac{1}{[H_3O^+]} = -\log[H_3O^+]$$

Así, para una disolución neutra, $[H_3O^+] = 10^{-7}$M:

$$pH = -\log 10^{-7} = -(-7)\log 10 = 7$$

Igualmente se deduce que si la disolución es ácida el pH es menor de 7, y si es básica el pH es mayor de 7.

Análogamente se define el pOH como:

$$pOH = \log \frac{1}{[OH^-]} = -\log[OH^-]$$

Para una disolución neutra el pOH es igual a 7, para una disolución ácida es mayor que 7, y para una básica el pOH es menor que 7.

Como es lógico, la suma del pH y del pOH habrá de ser igual a 14.

$$pH + pOH = 14$$

4. Fuerzas relativas de ácidos y bases en medio acuoso

Ácido fuerte es aquel que en disolución está muy disociado; existirá, por tanto, una elevada concentración de iones hidronio (H_3O^+) y tendrá una pequeña concentración en forma molecular. Los ácidos sulfúrico, nítrico, clorhídrico, etc., son ácidos fuertes.

Ácido débil es el que en disolución está poco disociado. Su concentración en forma molecular es muy superior a la forma ionizada. Los ácidos ortofosfórico, carbónico, sulfuroso y acético son ejemplos de ácidos débiles.

Haríamos análogas consideraciones a la hora de distinguir entre bases fuertes y bases débiles. Son bases fuertes los hidróxidos de los metales alcalinos (Li, Na, K, Rb, etc.). Un ejemplo de base débil es el amoniaco.

Se define como **grado de disociación** (α) a la fracción de mol en que está disociado un ácido o una base, es decir, la fracción de mol que se encuentra disociado por cada mol inicial de ácido o de base.

En los ácidos y bases débiles α tiene un valor muy pequeño. En los ácidos y bases fuertes α es aproximadamente la unidad ($\alpha \simeq 1$), ya que en disolución se encuentran disociados en sus iones prácticamente en su totalidad.

Supongamos la disociación de un ácido débil, por ejemplo, el ácido acético (CH_3-COOH):

$$CH_3\text{-}COOH + H_2O \rightleftarrows CH_3\text{-}COO^- + H_3O^+$$

En el equilibrio se cumplirá, al aplicar la ley de acción de masas:

$$K_a = \frac{[CH_3 - COO^-][H_3O^+]}{[CH_3 - COOH]}$$

Obsérvese que en el denominador se ha omitido el factor $[H_2O]$; esto se debe a que la concentración del agua se puede considerar constante y se incluye en la «constante de equilibrio de disociación del ácido», K_a.

Si suponemos que en la disolución hay c moles de ácido acético por litro y que α es el grado de disociación, el número de moles de CH_3COO^- por litro será $c \cdot \alpha$, el número de moles de H_3O^+por litro será, asimismo, $c \cdot \alpha$ y el número de moles de ácido sin disociar por litro será $c \cdot (1 - \alpha)$.

Sustituyendo estos valores en la expresión dada por la ley de acción de masas, tendremos:

$$K_a = \frac{c^2 \cdot \alpha^2}{c\,(1-\alpha)} = \frac{\alpha^2 \cdot c}{1-\alpha}$$

expresión conocida como ley de dilución de Ostwald.

Para ácidos o bases débiles, es decir, muy poco disociados, α tiene un valor muy pequeño y puede despreciarse frente a la unidad (en general esta aproximación puede hacerse siempre que $c > 100K_a$), con lo que la expresión anterior queda transformada en esta otra:

$$K_a = \alpha^2 \cdot c \Rightarrow \alpha = \sqrt{\frac{K_a}{c}}$$

Del mismo modo se aplica la ley de acción de masas a la disociación de una base débil, como por ejemplo el amoniaco (NH_3):

$$NH_3 + H_2O \rightleftarrows NH_4^+ + OH^-$$

$$K_b = \frac{[NH_4^+][OH^-]}{[NH_3]}$$

Si α es el grado de disociación del NH_3, y c la concentración de NH_3 en la disolución, análogamente llegamos a:

$$K_b = \frac{\alpha^2 \cdot c}{1-\alpha}$$

En bases débiles (si $c > 100K_b$), podemos aproximar:

$$K_b = \alpha^2 \cdot c \Rightarrow \alpha = \sqrt{\frac{K_b}{c}}$$

La constante de disociación del ácido, K_a (o de la base, K_b), mide la fuerza del ácido (o de la base); cuanto más alto sea su valor más fuerte es.

5. Hidrólisis

Se denomina hidrólisis al fenómeno por el cual las disoluciones acuosas de determinadas sales resultan ligeramente ácidas, y las de otras sales ligeramente básicas, a pesar de que las sales no contienen iones H^+ ni OH^-.

Sea una sal que simbolizaremos por AB, si la disolvemos en agua tendremos simultáneamente los dos equilibrios siguientes:

$$AB \rightleftarrows A^- + B^+$$

$$H_2O \rightleftarrows H^+ + OH^-$$

El primer equilibrio está muy desplazado hacia la derecha, ya que las sales disueltas pueden considerarse que están disociadas totalmente. El segundo equilibrio está muy desplazado hacia la izquierda, pues el agua se disocia muy poco. Pero al encontrarse el anión A^- en presencia del H^+, y el catión B^+ con el OH^-, se establecerán simultáneamente los siguientes equilibrios:

$$HA \rightleftarrows A^- + H^+ \qquad (1)$$

$$BOH \rightleftarrows B^+ + OH^- \qquad (2)$$

en los que:

$$K_a = \frac{[A^-][H^+]}{[HA]}; \; K_b = \frac{[B^+][OH^-]}{[BOH]};$$

$$K_w = [H^+][OH^-] = 10^{-14}$$

A continuación estudiaremos la hidrólisis en los cuatro tipos de sales que, en función de los ácidos y bases (fuertes y/o débiles) de las que proceden, se pueden presentar.

■ Sal de ácido y base fuertes

Como el ácido (HA) y la base (BOH) correspondientes son electrolitos fuertes, sus constantes de disociación, K_a y K_b, serán muy grandes y los equilibrios (1) y (2) estarán totalmente desplazados hacia la derecha, y como $[A^-] = [B^+]$, entonces $[H^+] = [OH^-]$, por tanto:

$$K_w = [H^+]\,[OH^-] = [H^+]^2 \Rightarrow [H^+] = \sqrt{K_w} = 10^{-7} \Rightarrow pH = 7$$

La disolución será neutra y no se producirá hidrólisis de la sal.

■ Hidrólisis de sal de ácido débil y base fuerte

Como el ácido (HA) es débil y la base (BOH) es fuerte, K_a será pequeño y K_b grande, y el equilibrio (1) estará desplazado hacia la izquierda y el (2) hacia la derecha, por tanto $[A^-] < [B^+]$, entonces $[H^+] < [OH^-]$ luego:

$$K_w = [H^+]\,[OH^-] > [H^+]^2 \Rightarrow [H^+] < \sqrt{K_w} = 10^{-7} \Rightarrow pH > 7$$

La solución será básica debido a la hidrólisis de la base conjugada del ácido débil, es decir, del anión A^-.

Se denomina, en este caso, reacción de hidrólisis al equilibrio:

$$A^- + H_2O \rightleftarrows AH + OH^-$$

aplicando la ley de acción de masas:

$$K_h = \frac{[AH][OH^-]}{[A^-]}$$

como $[H_2O]$ es constante, se incluye en la «constante de hidrólisis» de la sal, K_h.

A partir de las expresiones de K_a y K_w se obtiene:

$$K_h = \frac{K_w}{K_a}$$

Ejemplo:

El cianuro de sodio (NaCN) es una sal de ácido débil, el ácido cianhídrico (HCN), y base fuerte, el hidróxido de sodio (NaOH).

Como toda sal, en disolución está totalmente disociada:

$$NaCN \longrightarrow Na^{+} + CN^{-}$$

El ion cianuro (CN^{-}) es la base conjugada del ácido débil por lo que se hidroliza estableciéndose el siguiente equilibrio:

$$CN^{-} + H_2O \rightleftarrows HCN + OH^{-}$$

La constante de hidrólisis, K_h, viene dada por la expresión:

$$K_h = \frac{[HCN][OH^{-}]}{[CN^{-}]}$$

Hidrólisis de sal de ácido fuerte y base débil

Como el ácido (HA) es fuerte y la base (BOH) es débil, K_a será grande y K_b pequeño, y el equilibrio (1) estará desplazado hacia la derecha y el (2) hacia la izquierda, luego $[A^{-}] > [B^{+}]$, entonces $[H^{+}] > [OH^{-}]$, por tanto:

$$K_w = [H^{+}]\,[OH^{-}] < [H^{+}]^2 \Rightarrow [H^{+}] > \sqrt{K_w} = 10^{-7} \Rightarrow pH < 7$$

La solución será ácida debido a la hidrólisis del ácido conjugado de la base débil, es decir, del catión B^{+}.

El equilibrio hidrólisis de este catión será:

$$B^{+} + H_2O \rightleftarrows BOH + H^{+}$$

y la constante de hidrólisis:

$$K_h = \frac{[BOH][H^{+}]}{[B^{+}]}$$

A partir de las expresiones de K_b y K_w se obtiene:

$$K_h = \frac{K_w}{K_b}$$

Ejemplo:

El cloruro de amonio (NH_4Cl) es una sal de ácido fuerte, el ácido clorhídrico (HCl) y base débil, el amoniaco (NH_3). En disolución esta sal estará totalmente disociada:

$$NH_4Cl \longrightarrow NH_4^{+} + Cl^{-}$$

El ion amonio (NH_4^{+}) se hidroliza estableciéndose el equilibrio:

$$NH_4^{+} \rightleftarrows NH_3 + H^{+}$$

siendo, en este caso, la constante de hidrólisis:

$$K_h = \frac{[NH_3][H^{+}]}{[NH_4^{+}]}$$

Hidrólisis de una sal de ácido débil y base débil

Como el ácido (HA) y la base (BOH) son débiles, K_a y K_b serán pequeños, los equilibrios (1) y (2) y estarán desplazados hacia la izquierda, la disolución será ácida, básica, o neutra si K_a es mayor, menor, o igual a K_b respectivamente.

En este caso se producirá la hidrólisis tanto de la base conjugada del ácido débil, como del ácido conjugado de la base débil, o sea, de los iones A^{-} y B^{+}. Las reacciones de estas hidrólisis serán:

$$A^{-} + H_2O \rightleftarrows HA + OH^{-}$$

$$B^{+} + H_2O \rightleftarrows BOH + H^{+}$$

Por lo que la hidrólisis de la sal la podemos expresar mediante la reacción global que se obtiene al sumar las dos anteriores:

$$A^- + B^+ + 2H_2O \rightleftarrows HA + BOH + OH^- + H^+$$

Como $OH^- + H^+ \rightleftarrows H_2O$, la ecuación queda:

$$A^- + B^+ + H_2O \rightleftarrows BOH + HA$$

por lo que:

$$K_h = \frac{[HA][BOH]}{[A^-]\,[B^+]}$$

A partir de las expresiones de K_a, K_b y K_w se obtiene:

$$K_h = \frac{K_w}{K_a \cdot K_b}$$

Ejemplo:

El cianuro de amonio (NH_4CN) es una sal de ácido débil, el ácido cianhídrico (HCN), y de base también débil, el amoniaco (NH_3). En disolución esta sal estará totalmente disociada:

$$NH_4CN \longrightarrow NH_4^+ + CN^-$$

Los iones NH_4^+ y CN^- se hidrolizan:

$$NH_4^+ \rightleftarrows NH_3 + H^+$$

$$CN^- + H_2O \rightleftarrows HCN + OH^-$$

Teniendo en cuenta que

$$H^+ + OH^- \rightleftarrows H_2O$$

la reacción global de la hidrólisis de la sal es:

$$NH_4^+ + CN^- \rightleftarrows NH_3 + HCN$$

Y la constante de hidrólisis será:

$$K_h = \frac{[NH_3][HCN]}{[NH_4^+]\,[CN^-]}$$

PROBLEMAS RESUELTOS

1. Calcular la concentración de iones H_3O^+ y el pH de una disolución 0,01M de ácido perclórico en agua.

Solución:

La reacción de disociación del ácido perclórico es:

$$HClO_4 + H_2O \rightleftarrows ClO_4^- + H_3O^+$$

Como el ácido $HClO_4$ es un ácido fuerte, el equilibrio estará totalmente desplazado hacia la derecha, además, de no ser así necesitaríamos conocer la constante de disociación o el grado de disociación del ácido para poder calcular $[H_3O^+]$ o el pH.

Por tanto:

$$[H_3O^+] = 0{,}01M = 10^{-2}\ M$$

$$pH = -\log[H_3O^+] = -\log 10^{-2} = -(-2) = 2$$

2. El pH de una disolución de hidróxido de potasio en agua es 11. Determinar la concentración de la misma.

Solución:

Como el hidróxido de potasio es una base fuerte, su equilibrio de disociación:

$$KOH \rightleftarrows K^+ + OH^-$$

estará totalmente desplazado hacia la derecha, por tanto la concentración de la disolución es igual a la $[OH^-]$; como el pH = 11:

$$11 = -\log [H_3O^+];\ \log[H_3O^+] = -11 \Rightarrow [H_3O^+] = 10^{-11}\ M$$

$$K_w = [H_3O^+][OH^-] = 10^{-14};\ 10^{-11}\ [OH^-] = 10^{-14} \Rightarrow [OH^-] = 10^{-3}\ M$$

Por tanto, la concentración de la disolución es $10^{-3}M$.

3. Calcular la concentración de H_3O^+ y la constante de disociación del ácido fórmico (HCOOH), si una disolución 0,12 M de dicho ácido está disociada el 4,2%.

Solución:

La reacción de disociación del ácido fórmico:

$$HCOOH + H_2O \rightleftarrows HCOO^- + H_3O^+$$

por lo que: $K_a = \frac{[HCOO^-][H_3O^+]}{[HCOOH]}$

El grado de disociación es α = 4,2% = 0,042, es decir por cada mol de ácido fórmico se disocian 0,042 moles; como inicialmente tenemos una concentración de ácido fórmico de 0,12 moles por cada litro, se disociarán 0,12 · 0,042 moles del mismo, quedando sin disociar en el equilibrio 0,12 - 0,12 · 0,042.

Por tanto en el equilibrio:

$$[HCOO^-] = [H_3O^+] = 0{,}12 \cdot 0{,}042 = 0{,}00504 \text{ M}$$

$$[HCOOH] = 0{,}12 - 0{,}12 \cdot 0{,}042 = 0{,}11496 \text{ M}$$

Sustituyendo en la expresión de K_a:

$$K_a = \frac{0{,}00504 \cdot 0{,}00504}{0{,}11496} = 2{,}2 \cdot 10^{-4}$$

Luego la concentración de H_3O^+ en la disolución es 0,00504M y la constante de disociación del ácido fórmico es $K_a = 2{,}2 \cdot 10^{-4}$.

La $[H_3O^+]$ y K_a se podrían obtener también utilizando las expresiones:

$$[H_3O^+] = c \cdot \alpha \quad ; \quad K_a = \frac{\alpha^2 \cdot c}{1-\alpha}$$

4. La constante de disociación del ácido acético (CH_3COOH) es $K_a = 2 \cdot 10^{-5}$. Calcular:

a) El pH y el grado de disociación de una disolución 0,5 M de ácido acético en agua.

b) El pH de una disolución de ácido acético y acetato sódico (CH_3COONa) en agua cuya concentración del ácido es 0,5 M y de la sal 0,5 M.

Solución:

a) El equilibrio de disociación del ácido acético:

$$CH_3COOH + H_2O \rightleftarrows CH_3COO^- + H_3O^+$$

con lo que:

$$K_a = \frac{[CH_3COO^-][H_3O^+]}{[CH_3COOH]}$$

Si el grado de disociación de este ácido es α, por cada mol de ácido acético se disocian α moles, como la concentración es 0,5M, se disociarán $0,5 \cdot \alpha$ moles, por lo que en el equilibrio:

$$[CH_3COO^-] = 0,5\ \alpha$$

$$[H_3O^+] = 0,5\ \alpha$$

$$[CH_3COOH] = 0,5 - 0,5\ \alpha = 0,5(1 - \alpha)$$

Sustituyendo en la expresión de K_a, y teniendo en cuenta que $K_a = 2 \cdot 10^{-5}$:

$$2 \cdot 10^{-5} = \frac{0,5\alpha \cdot 0,5\alpha}{0,5(1-\alpha)} = \frac{0,5 \cdot \alpha^2}{1-\alpha}$$

Como $c > 100\ K_a$, pues $0,5 > 100 \cdot 2 \cdot 10^{-5}$, podemos despreciar α frente a la unidad:

$$2 \cdot 10^{-5} = 0,5\alpha^2 \Rightarrow \alpha = \sqrt{\frac{2 \cdot 10^{-5}}{0,5}} = 6,4 \cdot 10^{-3}$$

El grado de disociación $\alpha = 6,4 \cdot 10^{-3}$ también se puede expresar en tanto por ciento, para ello multiplicamos por 100: $\alpha = 0,64\%$.

Sustituyendo α por su valor:

$$[H_3O^+] = 0,5\ \alpha = 0,5 \cdot 6,4 \cdot 10^{-3} = 3,2 \cdot 10^{-3}\ M$$

$$pH = -\log[H_3O^+] = -\log(3,2 \cdot 10^{-3}) = 2,5$$

b) En este caso la disolución está formada por dos solutos; el ácido acético y el acetato sódico.

El acetato sódico por ser una sal estará totalmente disociado, es decir, el equilibrio de disociación:

$$CH_3COONa \rightleftarrows CH_3COO^- + Na^+$$

se encuentra totalmente desplazado a la derecha, por lo que la concentración de iones acetato (CH_3COO^-) es igual a la concentración de la sal en disolución:

$$[CH_3COO^-] = 0,5M$$

Por tanto, el equilibrio de disociación del ácido acético se encontrará más desplazado a la izquierda que el alcanzado en el caso a), debido a la presencia de los iones acetato procedente de la sal. Como consecuencia de esto, el grado de disociación y la $[H_3O^+]$ será menor que en el caso a) y su pH mayor.

Este efecto, que produce en las disoluciones de un ácido o una base la presencia de un ion común procedente de una sal, es lo que se llama **efecto del ion común**, y estas disoluciones se denominan **disoluciones amortiguadoras** o **tampón**. En la disolución de una base, el efecto del ion común provoca un descenso de la $[OH^-]$, y por tanto un aumento de la $[H_3O^+]$ y una disminución de pH.

Considerando que en la disolución hay inicialmente 0,5 moles de ácido acético por litro y 0,5 moles de iones acetatos por litro (procedentes de la sal), se disociarán $0,5 \cdot \alpha'$ moles del ácido (α' es el nuevo grado de disociación), originándose $0,5\,\alpha'$ moles de iones acetato y $0,5\,\alpha'$ moles de H_3O^+. Por lo que en el equilibrio:

$[CH_3COO^-] = 0,5 + 0,5\alpha' = 0,5(1 + \alpha')$ (0,5 moles procedentes de la sal y $0,5\,\alpha'$ moles procedentes del ácido)

$$[H_3O^+] = 0,5\,\alpha'$$

$$[CH_3COOH] = 0,5 - 0,5\alpha' = 0,5(1 - \alpha')$$

Sustituyendo en la expresión de K_a, y como $K_a = 2 \cdot 10^{-5}$:

$$2 \cdot 10^{-5} = \frac{0,5(1+\alpha') \cdot 0,5\alpha'}{0,5(1-\alpha')} = \frac{0,5(1+\alpha')\alpha'}{1-\alpha'}$$

Cómo $c > 100 \cdot K_a$, podemos despreciar α' frente a la unidad, con lo que:

$$2 \cdot 10^{-5} = 0,5\alpha' \Rightarrow \alpha' = 4 \cdot 10^{-5}$$

Por tanto: $[H_3O^+] = 0,5\alpha' = 2 \cdot 10^{-5}$ M

$$pH = -\log[H_3O^+] = -\log 2 \cdot 10^{-5} = 4,7$$

Comparando con los resultados obtenidos en el apartado a), vemos que el grado de disociación y la $[H_3O^+]$ han descendido, y el pH ha crecido, como consecuencia del efecto del ion común.

5. **La constante de ionización del ácido nitroso es $4,5 \cdot 10^{-4}$. ¿Cuál habrá de ser la concentración total de ese ácido en una disolución acuosa para que su pH sea igual a 3?**

Solución:

En la disociación del ácido nitroso:

$$HNO_2 + H_2O \rightleftarrows NO_2^- + H_3O^+$$

$$K_a = \frac{[NO_2^-]\,[H_3O^+]}{[HNO_2]}$$

Como el pH = 3; pH = -log [H_3O^+]; 3 = -log [H_3O^+] ⇒ [H_3O^+] = 10^{-3} M; por lo que [NO_2^-] = 10^{-3} M y [HNO_2] = c - 10^{-3} M, ya que por cada mol de ácido nitroso que se disocia se forma un mol de NO_2^- y otro de H_3O^+; como se han formado 10^{-3} moles por litro de H_3O^+, se disocian 10^{-3} moles de ácido nitroso, quedando sin disociar c - 10^{-3} moles; donde c es la concentración de la disolución.

Sustituyendo estas concentraciones en la expresión de K_a y considerando que vale 4,5 · 10^{-4}:

$$4{,}5 \cdot 10^{-4} = \frac{10^{-3} \cdot 10^{-3}}{c - 10^{-3}} \Rightarrow c = 3{,}2 \cdot 10^{-2}\ \text{M}$$

PROBLEMAS

1. **Calcular el pH de una solución de ácido clorhídrico 0,002 molar, suponiendo que esté completamente ionizado.**

2. **Calcula el pH de una disolución acuosa cuya concentración de iones OH^- es $3 \cdot 10^{-11}$ M.**

3. **Calcular la concentración de OH^- en una disolución de HCl 0,001 M.**

4. **Calcula $[H_3O^+]$ en una disolución de NaOH 0,0001 M. (El NaOH se disocia por completo al disolverse en agua).**

5. **Calcula las concentraciones de H_3O^+ y OH^- en una disolución que contiene $2 \cdot 10^{-3}$ moles de HCl en un litro de disolución.**

6. **Se disuelven 6,3 gramos de ácido nítrico en agua hasta un volumen de 10 litros. Calcular el pH de la disolución supuesto el ácido totalmente ionizado.**

   Masas atómicas: H = 1; N = 14; O = 16

7. **Al valorar una disolución ácida, de la que hemos pipeteado 5 cm^3, se han consumido 15 cm^3 de hidróxido sódico 0,12 N. ¿Cuál es la normalidad de la disolución problema?**

8. **Calcula la acidez ($[H_3O^+]$) de una solución 0,2 M de ácido acético (CH_3COOH). Dato: para el ácido acético $K_a = 1,8 \cdot 10^{-5}$.**

9. **¿Cuál es el pH de una solución 0,25 M de amoniaco? ($K_b = 1,8 \cdot 10^{-5}$). Calcula también la $[OH^-]$.**

10. **¿Cuál es el valor de $[H_3O^+]$ en una disolución de HClO 0,1 M? Dato: $K_a = 2,98 \cdot 10^{-8}$ M.**

11. **Calcula el pH de una solución de ácido fórmico (HCOOH) 0,2 M. Dato: para el ácido fórmico $K_a = 1,8 \cdot 10^{-4}$.**

12. Se ha medido la constante de disociación del ácido nitroso a diferentes temperaturas, obteniéndose:

$$t = 0\ °C: K_a = 3{,}2 \cdot 10^{-4}$$

$$t = 12{,}5\ °C: K_a = 4{,}6 \cdot 10^{-4}$$

$$t = 30\ °C: K_a = 6 \cdot 10^{-4}$$

Calcula la concentración de iones H_3O^+, en una solución 0,1 M de HNO_2 para cada una de esas temperaturas.

13. En una disolución 10^{-2} M el ácido acético (CH_3COOH) está disociado el 4,3%. ¿Cuál es el pH de la disolución?

14. Calcular la concentración OH^- y H_3O^+ en una disolución de ácido acético (CH_3COOH) 0,1 M que está ionizada el 1,3 %.

15. En una disolución 0,01 M de ácido acético (CH_3COOH), éste está ionizado en un 4,11%. Calcular la K_a del ácido acético.

16. La K_a del ácido acético es $1{,}77 \cdot 10^{-5}$. Determinar el grado de disociación α y el pH de una disolución de ácido acético:

a) 1 M.

b) 0,0001 M.

17. Calcular la molaridad de una solución de ácido cianhídrico HCN que está el 2% ionizado. La constante de ionización del HCN es $7 \cdot 10^{-10}$.

18. Calcular el grado de disociación y la concentración de H_3O^+ de una solución 0,2N de ácido acético. La constante de ionización del ácido acético a 18 °C vale $K_a = 1{,}8 \cdot 10^{-5}$.

19. Una disolución 0,325 N de ácido yodhídrico está disociada el 85,6% a 18 °C. Calcular la concentración de iones H_3O^+ y el pH de la solución.

SOLUCIONES DE LOS PROBLEMAS

1. 2,70

2. 3,5

3. 10^{-11} M

4. 10^{-10} M

5. $[H_3O^+] = 2 \cdot 10^{-3}$ M; $[OH^-] = 0{,}5 \cdot 10^{-11}$ M

6. 2

7. 0,36 N

8. $1{,}9 \cdot 10^{-3}$ M

9. pH = 11,3; $[OH^-] = 2{,}12 \cdot 10^{-3}$ M

10. $5{,}45 \cdot 10^{-5}$ M

11. 2,2

12. t = 0 °C, $[H_3O^+] = 5{,}7 \cdot 10^{-3}$ M; t = 12,5 °C, $[H_3O^+] = 6{,}8 \cdot 10^{-3}$ M; t = 30 °C, $[H_3O^+] = 7{,}7 \cdot 10^{-3}$ M

13. 3,4

14. $[H_3O^+] = 1{,}3 \cdot 10^{-3}$ M; $[OH^-] = 7{,}7 \cdot 10^{-12}$ M

15. $1{,}77 \cdot 10^{-5}$

16. a) $\alpha = 4{,}2 \cdot 10^{-3}$, pH = 2,38; b) $\alpha = 0{,}341$, pH = 4,47

17. $1{,}75 \cdot 10^{-6}$ M

18. $\alpha = 9{,}48 \cdot 10^{-3}$; $[H_3O^+] = 1{,}89 \cdot 10^{-3}$ M

19. $[H_3O^+] = 0{,}279$ M; pH = 0,55

Tema **7**

Reacciones de transferencia de electrones

Introducción

Desde el punto de vista clásico, oxidación es la combinación de una sustancia con el oxígeno, y reducción el proceso inverso, es decir, la disminución del contenido de oxígeno de una sustancia.

Ejemplos: Consideremos las reacciones correspondientes a las siguientes ecuaciones:

$$2Mg + O_2 \longrightarrow 2MgO$$
$$ZnO + C \longrightarrow Zn + CO$$

En la primera observamos que el magnesio (Mg) se ha oxidado, mientras que en la segunda, el óxido de cinc (ZnO) se ha reducido a la vez que el carbono (C) se ha oxidado.

En la actualidad estos conceptos se han generalizado al considerar la oxidación-reducción desde el punto de vista electrónico.

1. Concepto electrónico de oxidación-reducción. Concepto de oxidante y reductor

1.1. Concepto electrónico de oxidación-reducción

Actualmente, la oxidación-reducción se relaciona con la pérdida y ganancia de electrones. De manera que:

- **Oxidación** es la pérdida de electrones.
- **Reducción** es la ganancia de electrones.

Ejemplos:

- Oxidación: $2Cl^- - 2e^- \longrightarrow Cl_2$
- Reducción: $Fe^{2+} + 2e^- \longrightarrow Fe$

En el primer caso el ion cloruro (Cl^-) pierde electrones, luego se oxida. En el segundo caso el ion hierro (II) (Fe^{2+}) gana electrones, por lo tanto, se reduce.

Los procesos de oxidación y de reducción no pueden producirse separados unos de otros, ya que si una sustancia pierde electrones (se oxida), debe haber otra capaz de capturarlos (se reduce). Por tanto, todo proceso de oxidación va unido necesariamente a otro de reducción. Se ha de hablar, pues, de reacciones de **oxidación-reducción**, que abreviadamente reciben el nombre de reacciones **redox.**

En las reacciones redox hay una transferencia de electrones desde la sustancia que se oxida a la que se reduce, por lo que son **reacciones de transferencia de electrones**.

1.2. Oxidantes y reductores. Pares redox

En una reacción redox se denomina **agente oxidante**, o simplemente **oxidante**, a la sustancia que provoca la oxidación, es decir, la que acepta los electrones y se reduce (el oxidante se reduce). El **agente reductor**, o simplemente el **reductor**, es la sustancia que provoca la reducción cediendo electrones y, por ello, se oxida (el reductor se oxida).

Las reacciones redox ocurren entre parejas de oxidación-reducción, llamadas pares conjugados de oxidación-reducción o simplemente pares redox. Estos pares son análogos a los pares ácido-base.

La reducción del oxidante y la oxidación del reductor podemos representarlas esquemáticamente:

Reducción: $Oxidante_1 + ne^- \rightleftarrows Reductor_1$ (1)

Oxidación: $Reductor_2 - ne^- \rightleftarrows Oxidante_2$ (2)

Como ambos procesos son simultáneos, la reacción redox se puede representar mediante la ecuación que se obtiene al sumar (1) y (2):

$$Oxidante_1 + Reductor_2 \rightleftarrows Reductor_1 + Oxidante_2$$

La ecuación (1) se denomina **semirreacción de reducción**, la forma $oxidada_1$ y la forma $reducida_1$ constituyen un par redox. Igualmente la ecuación (2) es la **semirreacción de oxidación**, la forma $reducida_2$ y la forma $oxidada_2$ constituyen el otro par redox.

A continuación vamos a estudiar una reacción redox a través del siguiente ejemplo:

Al sumergir una lámina de cinc (Zn) en una disolución de sulfato de cobre (II) ($CuSO_4$) se forma sulfato de cinc ($ZnSO_4$), que permanece disuelto, y cobre sólido (Cu) que se deposita. La ecuación correspondiente a este proceso es:

$$Zn + CuSO_4 \longrightarrow ZnSO_4 + Cu$$

Como el $CuSO_4$ y el $ZnSO_4$ están disueltos, se encontrarán disociados en sus iones ($CuSO_4 \rightarrow Cu^{2+} + SO_4^{2-}$; $ZnSO_4 \rightarrow Zn^{2+} + SO_4^{2-}$):

$$Zn + Cu^{2+} + SO_4^{2-} \longrightarrow Zn^{2+} + SO_4^{2-} + Cu$$

El ion sulfato (SO_4^{2-}) se encuentra lo mismo antes que después, por lo que lo podemos suprimir de la ecuación:

$$Zn + Cu^{2+} \longrightarrow Zn^{2+} + Cu$$

Esta ecuación, denominada «ecuación iónica», se puede descomponer en dos ecuaciones, una correspondiente al proceso de oxidación («semiecuación de oxidación»), y la otra al proceso de reducción («semiecuación de reducción»)

Semiecuación de oxidación:
$Zn - 2e^- \longrightarrow Zn^{2+}$

Semiecuación de reducción:
$Cu^{2+} + 2e^- \longrightarrow Cu$

De la composición o suma de estas dos semiecuaciones tiene que resultar la ecuación iónica.

El Zn y el ion Zn^{2+} constituyen uno de los pares redox, el ion Cu^{2+} y el Cu forman el otro.

2. Ajuste de las reacciones redox por el método del ion-electrón

Número de oxidación

El **número** o **índice de oxidación** se define como la carga eléctrica formal (es decir, que no es real) que se asigna a un átomo en un compuesto si este estuviese constituido por iones.

Para calcular el número de oxidación se emplean las siguientes reglas:

1. Para las especies químicas monoatómicas el número de oxidación coincide con la carga real del átomo. Por ejemplo, los números de oxidación de S^{2-}, Cl^-, Ne, K^+, Zn^{2+} son respectivamente, -2, -1, 0, +1 y +2, que coinciden con sus respectivas cargas eléctricas.

2. El número de oxidación de todos los elementos libres es cero (en cualquiera de las formas en que se presenten, por ejemplo, Ca metálico, N_2, P_4, S_8, etc.).
3. El número de oxidación del hidrógeno en sus compuestos es +1 excepto en los hidruros metálicos, que es -1.
4. El número de oxidación del oxígeno en sus compuestos es -2 excepto en los peróxidos que es -1.
5. El número de oxidación de los metales alcalinos en combinación con otros elementos es siempre +1 y el de los metales alcalinotérreos es siempre +2.
6. El flúor, en combinación con otros elementos, tiene siempre número de oxidación igual a -1.
7. La suma algebraica de los números de oxidación de los átomos de una molécula es cero, y si se trata de un ion, es igual a la carga del ion.

Ejemplo:

Calcula el número de oxidación del manganeso, en el ion permanganato, MnO_4^- .

Aplicando la regla 4: -2 · 4 = -8.

Como el número de oxidación total es -1 (regla 7), el número de oxidación del manganeso será +7. Diremos que el ion permanganato contiene la especie Mn(VII).

Guía para el ajuste de reacciones redox

1. Identifica las especies que se oxidan y las que se reducen, calculando sus respectivos índices de oxidación.
2. Escribe por separado las semirreacciones de oxidación y de reducción.
3. Ajusta el número de átomos en cada semirreacción (balance de masas).
4. Ajusta la carga, utilizando para ello electrones (balance de cargas).
5. Combina las semirreacciones, de modo que coincida el número de electrones ganados en una reacción con el número de electrones perdidos en la otra.

Guía para el balance de masas

Los átomos de hidrógeno y de oxígeno se ajustan utilizando las especies presentes:

a) En disolución ácida: se ajusta el oxígeno utilizando moléculas de agua, y el hidrógeno utilizando protones (H^+).

b) En disolución básica:

1º. Se ajusta el oxígeno con H_2O y después el hidrógeno con H^+.

2º. Se añade a ambos lados OH^- en cantidad igual a los H^+ existentes, de modo que:

$$H^+ + OH^- \longrightarrow H_2O$$

3º. Se eliminan de ambos miembros de la ecuación tantas moléculas de agua como existan en el miembro donde haya menos.

Ejemplo

Considera la reacción iónica:

$$NO_3^- + Sn^{2+} \longrightarrow NO + Sn^{4+}$$

reacción que se produce en medio ácido.

En primer lugar debemos determinar qué especie se oxida y qué especie se reduce; para ello estudiaremos cómo varía el índice de oxidación.

Para el nitrógeno:

$$N(V) \longrightarrow N(II)$$

Como disminuye su índice de oxidación, el nitrógeno se reduce.

Para el estaño:

$$Sn(II) \longrightarrow Sn(IV)$$

Luego se oxida.

Consideremos en primer lugar el proceso de oxidación:

$$Sn^{2+} \longrightarrow Sn^{4+}$$

Observa que el número de átomos de estaño (balance de masas) está ajustado. Por tanto, sólo falta ajustar el número de cargas (balance de cargas); esto se hace añadiendo los electrones necesarios:

$$Sn^{2+} \longrightarrow Sn^{4+} + 2e^-$$

De este modo, la carga neta es +2 en cada miembro.

Repitamos el procedimiento para el proceso de reducción:

$$NO_3^- \longrightarrow NO$$

El número de átomos de nitrógeno está ajustado; no ocurre lo mismo con el número de átomos de oxígeno. Para ajustarlo añadiremos moléculas de agua.

$$NO_3^- \longrightarrow NO + 2H_2O$$

Ahora queda descompensado el número de átomos de hidrógeno. Para igualarlos utilizaremos los protones (la reacción se produce en medio ácido).

$$NO_3^- + 4H^+ \longrightarrow NO + 2H_2O$$

Conseguido el balance de masas, es decir, ajustado el número de átomos de cada elemento, procederemos a efectuar el balance de cargas:

En el primer miembro, la carga neta es:

$$(-1) + 4 \cdot (+1) = +3$$

mientras que el segundo miembro es cero.

Por tanto, debemos escribir:

$$NO_3^- + 4H^+ + 3e^- \longrightarrow NO + 2H_2O$$

Las dos semirreacciones, ajustadas, quedan de la forma:

Semirreacción de oxidación:

$$Sn^{2+} \longrightarrow Sn^{4+} + 2e^-$$

Semirreacción de reducción:

$$NO_3^- + 4H^+ + 3e^- \longrightarrow NO + 2H_2O$$

Finalmente, debemos asegurar que el número de electrones cedidos por el reductor es igual al número de electrones ganados por el oxidante. Para ello multiplicaremos por tres la primera semirreacción y por dos la segunda, con lo que queda:

$$3Sn^{2+} \longrightarrow 3Sn^{4+} + 6e^-$$

$$2NO_3^- + 8H^+ + 6e^- \longrightarrow 2NO + 4H_2O$$

Sumando ambas semirreacciones, tenemos:

$$3Sn^{2+} + 2NO_3^- + 8H^+ \longrightarrow 3Sn^{4+} + 2NO + 4H_2O$$

Que es la reacción ajustada. Observa que ya no hay electrones, ya que coinciden los electrones cedidos y aceptados.

NOTA: Al final de este tema, en el apartado «Problemas resueltos» se muestran más ejemplos de ajustes de reacciones redox tanto en medio ácido como básico.

3. Equivalente de oxidación-reducción

En las reacciones redox, el número de electrones ganados por el oxidante tiene que ser igual al número de electrones cedidos por el reductor. Este hecho, que constituye el fundamento de los métodos de ajuste de reacciones redox, permite además establecer la relación cuantitativa entre el agente oxidante y el agente reductor.

Para ello se utiliza el concepto de **equivalente de oxidación** o **reducción**, que se define como «la masa de sustancia oxidante o reductora que en la reacción redox gana o pierde un electrón».

Resulta más práctico referir la masa del oxidante o del reductor a un mol de electrones ($6{,}023 \cdot 10^{23}$ electrones), esta cantidad de masa se denomina **equivalente-gramo de oxidación** o **reducción**.

Equivalente gramo de un agente reductor es el número de gramos de esa sustancia que cedería un mol de electrones, es decir, que reduciría totalmente a un equivalente gramo de hidrógeno.

Equivalente gramo de un agente oxidante es el número de gramos de esa sustancia que aceptaría un mol de electrones, es decir, que oxidaría totalmente a un equivalente gramo de hidrógeno.

El equivalente de oxidación o reducción de una sustancia coincide numéricamente con el cociente que resulta de dividir su masa atómica, iónica o molecular (según que dicha sustancia sea un átomo, un ion o una molécula) entre el número de electrones que gana o pierde en el proceso.

Ejemplos:

- El equivalente de reducción del ion estannoso (Sn^{2+}) cuando se oxida a ion estánnico (Sn^{4+}) se halla dividiendo la masa atómica del Sn entre dos, puesto que en el proceso se ceden dos electrones.
- El equivalente del permanganato de potasio ($KMnO_4$), actuando en medio ácido (pasa a ion Mn^{2+}), equivale a la quinta parte de su masa molecular, puesto que en el proceso el número de oxidación del Mn cambia de +7 a +2.
- En cambio, si el permanganato de potasio ($KMnO_4$) actúa en medio alcalino (básico), reduciéndose a MnO_2, el número de electrones captados es tres, pues el número de oxidación del Mn cambia de +7 a +4. En este caso, su equivalente se calcularía dividiendo la masa molecular entre tres.

Como un equivalente-gramo equivale a «un mol de equivalentes», el equivalente-gramo de oxidación o reducción coincide numéricamente con el equivalente de oxidación o reducción, pero aquel se expresa en gramos.

Ejemplo: si el equivalente de reducción del ion Cl^- cuando se oxida a Cl_2 es 35,5, entonces un equivalente-gramo de reducción equivale a 35,5 gramos de ion Cl^-.

Los pesos equivalentes de los agentes oxidantes y reductores reaccionan exactamente entre sí, puesto que suponen captura y cesión del mismo número de electrones.

Se denominan disoluciones normales de un agente oxidante o reductor aquellas que contienen un equivalente-gramo de agente oxidante o reductor por cada litro de disolución.

4. Potenciales normales. Pilas electroquímicas

4.1. Fuerza de los agentes oxidantes y reductores: potenciales normales

El poder oxidante o reductor de una sustancia puede medirse eléctricamente, puesto que un proceso redox implica un tránsito de electrones del reductor al oxidante.

Haciendo pasar estos electrones a través de un conductor, se originará una corriente eléctrica cuya diferencia de potencial indicará la «fuerza» del agente oxidante o del reductor, con relación a otro que se tome como modelo de comparación y que, generalmente, suele ser el hidrógeno.

El proceso es el siguiente:

Cuando se sumerje un metal (ejemplo: cinc) en agua, algunos iones metálicos pasan al agua, es decir, se disuelven, quedando así el metal cargado negativamente y la disolución positivamente hasta que se alcanza un cierto grado de equilibrio, característico para cada metal.

Si el metal se sumerje, no en agua pura, sino en una disolución de una de sus sales pueden ocurrir dos casos:

- Si la disolución es diluida, pasarán iones metálicos a la disolución hasta conseguir el equilibrio.
- Si es concentrada, ocurre el proceso inverso: pasan iones de la disolución al metal, quedando éste cargado positivamente, y la disolución, negativamente.

Tanto en un caso como en otro, siempre existirá una diferencia de potencial entre el metal y la disolución. Esta diferencia de potencial recibe el nombre de potencial de contacto.

Potencial de contacto es la diferencia de potencial que aparece entre el metal y la disolución de una de sus sales (por ejemplo: cinc y sulfato de cinc). Cuando esta disolución es normal (concentración 1N) se denomina **potencial normal**.

Como no es posible medir directamente este potencial de contacto, pues al introducir uno de los bornes del voltímetro en la disolución ya habría dos metales en ella, se recurre a medir la diferencia entre el potencial normal de contacto del metal en cuestión y del potencial normal del hidrógeno, al que se le asigna arbitrariamente el potencial cero.

El potencial normal de un metal referido al potencial normal del hidrógeno (potencial cero), se determina (figura 7.1) con un voltímetro (V) que mide la diferencia de potencial entre el electrodo normal del metal y el electrodo normal de hidrógeno.

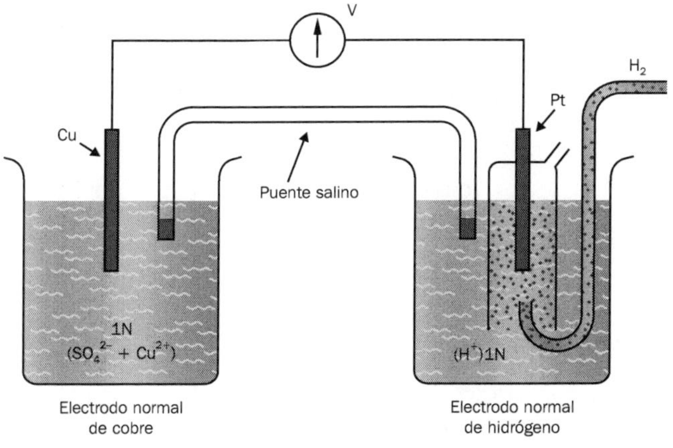

FIGURA 7.1. *Medida del potencial normal del cobre (Cu^{2+}/Cu).*

El electrodo normal del metal está constituido por una lámina del mismo (cobre en el ejemplo de la figura) sumergida en una disolución 1N de una de sus sales ($CuSO_4$ en el ejemplo).

El electrodo normal de hidrógeno se construye haciendo burbujear hidrógeno a presión normal (1 atm) sobre un alambre de platino recubierto de «esponja de platino» y sumergido en un medio ácido que contenga una disolución normal de iones hidrógeno (1,008 gramos de iones H^+ por litro de disolución).

El esquema 7.1 recoge los valores de los potenciales normales de algunos elementos.

		Voltios
mayor oxidante ↑	Li^+/Li	–3,02
	K^+/K	–2,92
	Na^+/Na	–2,71
	Zn^{2+}/Zn	–0,76
	Cr^{2+}/Cr	–0,56
	Fe^{2+}/Fe	–0,44
	Cd^{2+}/Cd	–0,40
	Co^{2+}/Co	–0,27
	Ni^{2+}/Ni	–0,25
	$2H^+/H_2$	0,00
menor oxidante ↓	Cu^{2+}/Cu	+0,34
	Ag^+/Ag	+0,81
	Hg^+/Hg	+0,80
	Hg^{2+}/Hg	+0,86

ESQUEMA 7.1. *Potenciales normales de algunos elementos, referidos al electrodo normal de hidrógeno.*

4.2. Pilas electroquímicas

Una aplicación de las reacciones redox la constituyen las **pilas electroquímicas** (o simplemente las pilas), que como sabemos, son generadores de corriente contínua que transforman la energía potencial química en energía eléctrica.

Una pila está constituida por dos electrodos distintos, sumergidos en disoluciones de sus iones respectivos, dispuestos de forma que estas disoluciones estén en contacto pero sin mezclarse (figura 7.2). Las disoluciones pueden estar separadas por un tabique poroso o colocadas en recipientes distintos unidos por un puente salino (sifón lleno de disolución saturada y cristales de cloruro de potasio).

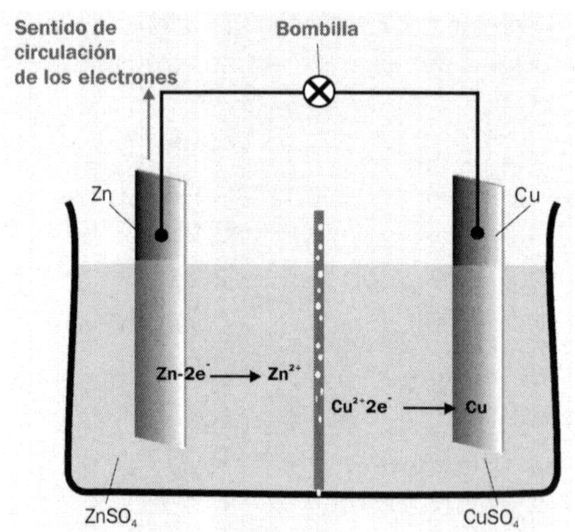

FIGURA 7.2. *Esquema de una pila electroquímica.*

En la pila actúa como electrodo positivo (cátodo) el par cuyo potencial normal sea mayor, es decir, el par que figure en una posición más baja en la lista del esquema 7.1. El otro par actuará como electrodo negativo (ánodo). Así, en la pila representada en la figura 7.2 vemos que el electrodo de cinc (Zn), que es el más negativo, actúa de ánodo, cede electrones al electrodo de cobre (Cu), que es el más positivo de los dos y actúa de cátodo.

Todas las pilas electroquímicas implican necesariamente reacciones de oxidación-reducción. Así, en la pila de la figura 7.2 se cumple que:

- El cinc cede electrones, transformándose en iones de cinc.

  ÁNODO: semirreacción de oxidación:
  $Zn \longrightarrow Zn^{2+} + 2e^-$

- Los iones de cobre (II) captan electrones para transformarse en átomos de cobre.

  CÁTODO: semirreacción de reducción:
  $Cu^{2+} + 2e^- \longrightarrow Cu$

Es decir: el cinc se oxida a iones cinc (Zn^{2+}) y los iones cobre (II) (Cu^{2+}) se reducen a cobre metálico.

La fuerza electromotriz teórica de una pila viene dada por la diferencia entre el potencial del electrodo que actúa de cátodo y el potencial del electrodo que hace de ánodo:

$$E = \text{Potencial cátodo} - \text{Potencial ánodo}$$

Así, la fuerza electromotriz de la pila de la figura 7.2, suponiendo que está formada por electrodos normales, es:

$$E = 0{,}34\ V - (-0{,}76V) = 1{,}10\ V$$

Las pilas se suelen esquematizar mediante los pares que constituyen sus electrodos. El par que actúa como ánodo se representa a la izquierda, y el que hace de cátodo se representa a la derecha; uno y otro par se separan mediante dos trazos verticales. Así, el esquema correspondiente a la pila de la figura 7.2, es:

$$^{\ominus}Zn/Zn^{2+}||Cu^{2+}/Cu^{\oplus}$$

5. Electrólisis. Leyes de Faraday

5.1. Electrólisis

Algunas sustancias como los ácidos, las bases y las sales, cuando están en disolución acuosa conducen la corriente eléctrica. Estas sustancias se denominan **electrolitos** o **conductores de segunda clase** (en contraposición a los metales que son los conductores de primera clase).

Cuando la corriente eléctrica pasa a través de una disolución acuosa de un electrolito, éste se descompone. Este fenómeno de descomposición de una sustancia por medio de la corriente eléctrica se llama **electrólisis**.

La electrólisis se realiza en un recipiente llamado «cuba electrolítica», dentro del cual penetran dos pequeñas láminas metálicas llamadas «electrodos», que conectan con los polos de un generador de corriente continua. El electrodo conectado al polo positivo del generador se denomina «ánodo» y el electrodo conectado al polo negativo recibe el nombre de «cátodo».

Dentro de la cuba electrolítica se coloca el electrolito disuelto en agua, y por tanto, disociado en sus iones (aniones y cationes).

Los aniones, al establecer contacto con el ánodo, le ceden a éste sus electrones, por lo que sufren una oxidación. A su vez, los cationes en contacto con el cátodo toman electrones del mismo, por lo que experimentan un proceso de reducción. Por consiguiente, la electrólisis es una reacción redox en la que la oxidación se produce en el ánodo y la reducción en el cátodo.

Como ejemplo, estudiaremos a continuación la electrólisis del cloruro de sodio (NaCl). Este electrolito disuelto en agua se disocia originando aniones cloruro (Cl^-) y cationes sodio (Na^+):

$$NaCl \rightleftarrows Na^+ + Cl^-$$

Al paso de la corriente eléctrica, los aniones se dirigen al ánodo y allí ceden sus electrones, produciéndose la oxidación. La semirreacción de oxidación o anódica será:

$$2Cl^- - 2e^- \longrightarrow Cl_2$$

Simultáneamente, los cationes se dirigen al cátodo y allí captan electrones verificándose la reducción. La semirreacción de reducción o catódica será:

$$Na^+ + 1e^- \longrightarrow Na$$

La reacción electrolítica total se obtiene sumando las dos semirreacciones (la semirreacción catódica hay que multiplicarla por dos, pues en ésta se capta un solo electrón y en la anódica se ceden dos):

$$\begin{array}{c} 2Cl^- - 2e^- \longrightarrow Cl_2 \\ 2Na^+ + 2e^- \longrightarrow 2Na \\ \hline 2Cl^- + 2Na^+ \longrightarrow Cl_2 + 2Na \end{array}$$

El sodio formado, al ser sólido, se deposita recubriendo el cátodo. El cloro, al ser un gas, burbujea en el ánodo desprendiéndose al exterior o se recoge en un tubo de ensayo invertido colocado sobre el ánodo.

Para que se lleve a cabo la electrólisis se necesita una energía eléctrica exterior procedente de un generador de corriente.

En la electrólisis, una corriente eléctrica provoca una reacción redox, mientras que en una pila electroquímica, que fue objeto de estudio en otro apartado de este tema, sucede el fenómeno inverso, una reacción redox origina una corriente eléctrica.

La electrólisis se utiliza para cubrir objetos con una fina capa de metal (cromo, plata, etc.). Así por ejemplo, para platear una cuchara (cubrirla con una capa de plata) se utiliza ésta como cátodo, para que sobre ella se deposite la plata procedente de la electrólisis de una sal de plata utilizada como electrolito en la cuba.

5.2. Leyes de Faraday

Faraday estudió cuantitativamente el fenómeno de la electrólisis, obteniendo la relación entre la carga eléctrica que pasa por una cuba electrolítica y las masas de las sustancias liberadas en los electrodos. Esta relación viene regulada por dos leyes llamadas **leyes de Faraday**:

- **Primera ley de Faraday**. Establece que: «La masa de sustancia liberada en una electrólisis es directamente proporcional a la cantidad de electricidad que ha pasado»:

$$m = E \cdot q = E \cdot I \cdot t$$

Donde m es la masa de electrolito descompuesto, q la cantidad de electricidad o carga eléctrica, I la intensidad de la corriente eléctrica, t el tiempo que ha estado pasando la corriente, y E es la constante de proporcionalidad, característica de la sustancia y se llaman **equivalente electroquímico**. El equivalente electroquímico es la masa de electrolito descompuesto por un culombio de electricidad, o por una corriente de intensidad de un amperio en un segundo.

- **Segunda ley de Faraday**. Establece que:

«La cantidad de electrolito descompuesto por una corriente es directamente proporcional a su equivalente químico».

De la definición de equivalente químico (ver apartado 3: «Equivalente de oxidación-reducción» de este tema) por cada electrón que circule por la cuba se descompone un equivalente químico de electrolito. Si por la cuba circulase un mol de electrones se descompondría un equivalente gramo de electrolito. A esta cantidad de electricidad (un mol de electrones) se le denomina Faraday y equivale a 96494 culombios:

$$1 \text{ Faraday} = 6{,}02252 \cdot 10^{23} \text{ electrones} = 96494 \text{ culombios}$$

Por consiguiente, un Faraday es la cantidad de electricidad necesaria para depositar un equivalente gramo de cualquier sustancia.

Como el equivalente electroquímico es la masa de electrolito depositado por un culombio, podemos expresarlo como:

$$E = \frac{\text{Equivalente gramo}}{96494}$$

PROBLEMAS RESUELTOS

1. Ajustar por el método del ion-electrón la reacción del permanganato potásico con el peróxido de hidrógeno, en medio ácido:

$$KMnO_4 + H_2O_2 + H_2SO_4 \longrightarrow MnSO_4 + K_2SO_4 + O_2 + H_2O$$

Solución:

Disociando los compuestos iónicos (ácidos, bases y sales) en sus iones correspondientes y eliminando aquellos que no cambian, obtenemos la ecuación iónica no ajustada:

$$MnO_4^- + H_2O_2 + H^+ \longrightarrow Mn^{2+} + O_2 + H_2O$$

Calculando los números de oxidación de cada elemento en los diferentes compuestos e iones, observamos que el número de oxidación del Mn cambia de +7 en el ion MnO_4^-, a +2 en el ion Mn^{2+}; y el número de oxidación del O cambia de –1 en el H_2O_2, a cero en el O_2. Por tanto, el ion MnO_4^- actúa como oxidante reduciéndose a Mn^{2+}, y el H_2O_2 actúa como reductor oxidándose a O_2 :

Oxidación: $H_2O_2 \longrightarrow O_2$

Reducción: $MnO_4^- \longrightarrow Mn^{2+}$

Ajustando los átomos (balance de masa):

$$\begin{cases} H_2O_2 \longrightarrow O_2 + 2H^+ \\ MnO_4^- + 8H^+ \longrightarrow Mn^{2+} + 4H_2O \end{cases}$$

Ajustando las cargas con electrones (balance de cargas):

$$\begin{cases} H_2O_2 \longrightarrow O_2 + 2H^+ + 2e^- & \text{Semiecuación de oxidación} \\ MnO_4^- + 8H^+ + 5e^- \longrightarrow Mn^{2+} + 4H_2O & \text{Semiecuación de reducción} \end{cases}$$

Como el número de electrones cedidos por el reductor tiene que ser igual al número de electrones ganados por el oxidante, multiplicamos por cinco la semiecuación de oxidación y por dos la semiecuación de reducción:

$$\begin{cases} 5H_2O_2 \longrightarrow 5O_2 + 10H^+ + 10e^- \\ 2MnO_4^- + 16H^+ + 10e^- \longrightarrow 2Mn^{2+} + 8H_2O \end{cases}$$

Sumando ambas semirreacciones y eliminando H^+ y los electrones de los dos miembros, se obtiene la ecuación iónica ajustada:

$$5H_2O_2 + 2MnO_4^- + 6H^+ \longrightarrow 5O_2 + 2Mn^{2+} + 8H_2O$$

De aquí obtenemos la ecuación molecular ajustada:

$$2KMnO_4 + 5H_2O_2 + 3H_2SO_4 \longrightarrow 2MnSO_4 + K_2SO_4 + 5O_2 + 8H_2O$$

Los iones del K_2SO_4 (K^+ y SO_4^{2-}) no intervienen en la ecuación iónica, por ello este compuesto se ajusta contando los átomos de K en uno y otro miembro.

2. **Ajustar por el método ion-electrón, la oxidación del sulfuro cuproso a sal cúprica y anhídrido sulfuroso por el ácido nítrico:**

$$\mathbf{Cu_2S + HNO_3} \longrightarrow SO_2 + \mathbf{Cu(NO_3)_2 + H_2O + NO}$$

Solución:

La ecuación iónica no ajustada es:

$$Cu^+ + S^{2-} + H^+ + NO_3^- \longrightarrow SO_2 + Cu^{2+} + NO + H_2O$$

Se observa que hay dos especies que se oxidan: el ion S^{2-} a SO_2 y el ion Cu^+ a ion Cu^{2+}, mientras que el ion NO_3^- se reduce a NO:

$$\text{Oxidación:} \begin{cases} S^{2-} \longrightarrow SO_2 \\ Cu^+ \longrightarrow Cu^{2+} \end{cases}$$

$$\text{Reducción:}\ NO_3^- \longrightarrow NO$$

Ajustando los átomos (balance de masas):

$$\begin{cases} S^{2-} + 2H_2O \longrightarrow SO_2 + 4H^+ \\ 2Cu^+ \longrightarrow 2Cu^{2+} \\ NO_3^- + 4H^+ \longrightarrow NO + 2H_2O \end{cases}$$

La segunda ecuación está multiplicada por 2 debido a que en el Cu_2S por cada ion S^{2-} hay dos iones Cu^+.

Ajustando las cargas con electrones:

$$\begin{cases} S^{2-} + 2H_2O \longrightarrow SO_2 + 4H^+ + 6e^- \\ 2Cu^+ \longrightarrow 2Cu^{2+} + 2e^- \\ NO_3^- + 4H^+ + 3e^- \longrightarrow NO + 2H_2O \end{cases}$$

Semirreacciones de oxidación (las dos primeras)

Semirreacción de reducción (la tercera)

Multiplicando las dos primeras semirreacciones por 3 y la tercera por 8 se obtiene:

$$\begin{cases} 3S^{2-} + 6H_2O \longrightarrow 3SO_2 + 12H^+ + 18e^- \\ 6Cu^+ \longrightarrow 6Cu^{2+} + 6e^- \\ 8NO_3^- + 32H^+ + 24e^- \longrightarrow 8NO + 16H_2O \end{cases}$$

Sumando y eliminando H^+ y H_2O de los dos miembros se llega:

$$3S^{2-} + 6Cu^+ + 8NO_3^- + 20H^+ \longrightarrow 3SO_2 + 6Cu^{2+} + 8NO + 10H_2O$$

Pasando a la forma molecular:

$$3Cu_2S + 20HNO_3 \longrightarrow 3SO_2 + 6Cu(NO_3)_2 + 10H_2O + 8NO$$

3. Ajustar por el método de ion-electrón, la reacción del permanganato potásico en medio básico con nitrito sódico:

$$\mathbf{KMnO_4 + NaNO_2 + H_2O \longrightarrow MnO_2 + NaNO_3 + KOH}$$

Solución:

Disociando los compuestos iónicos (ácidos, bases y sales) en sus iones correspondientes y eliminando aquellos que no cambian, obtenemos la ecuación iónica no ajustada:

$$MnO_4^- + NO_2^- + H_2O \longrightarrow MnO_2 + NO_3^- + OH^-$$

Calculando los números de oxidación de cada elemento en los diferentes compuestos e iones, observamos que el número de oxidación del Mn cambia de +7 en el ion MnO_4^-, a +4 en el MnO_2, y el número de oxidación del N cambia de +3 en el NO_2^-, a +5 en el NO_3^-. Por tanto el ion MnO_4^- actúa como oxidante reduciéndose a MnO_2, y el ion NO_2^- actúa como reductor oxidándose a ion NO_3^-.

Oxidación: $NO_2^- \longrightarrow NO_3^-$

Reducción: $MnO_4^- \longrightarrow MnO_2$

Ajustando los átomos (balance de masas):

$$\begin{cases} NO_2^- + H_2O \longrightarrow NO_3^- + 2H^+ \\ MnO_4^- + 4H^+ \longrightarrow MnO_2 + 2H_2O \end{cases}$$

Como se trata de un medio básico, añadimos dos iones OH^- a cada miembro de la primera semiecuación y cuatro iones OH^- a cada miembro de la segunda semiecuación:

$$\begin{cases} NO_2^- + H_2O + 2OH^- \longrightarrow NO_3^- + 2H^+ + 2OH^- \\ MnO_4^- + 4H^+ + 4OH^- \longrightarrow MnO_2 + 2H_2O + 4OH^- \end{cases}$$

Teniendo en cuenta que: $H^+ + OH^- \longrightarrow H_2O$, y eliminando H_2O de los dos miembros d cada semiecuación:

$$\begin{cases} NO_2^- + 2OH^- \longrightarrow NO_3^- + H_2O \\ MnO_4^- + 2H_2O \longrightarrow MnO_2 + 4OH^- \end{cases}$$

Ajustando las cargas con electrones:

$$\begin{cases} NO_2^- + 2OH^- \longrightarrow NO_3^- + H_2O + 2e^- & \text{Semirreacción de oxidación} \\ MnO_4^- + 2H_2O + 3e^- \longrightarrow MnO_2 + 4OH^- & \text{Semirreacción de reducción} \end{cases}$$

Multiplicando la primera semiecuación por tres y la segunda por dos, obtenemos:

$$\begin{cases} 3NO_2^- + 6OH^- \longrightarrow 3NO_3^- + 3H_2O + 6e^- \\ 2MnO_4^- + 4H_2O + 6e^- \longrightarrow 2MnO_2 + 8OH^- \end{cases}$$

Sumando ambas semirreacciones, eliminando OH^- y H_2O de los dos miembros, se obtiene la ecuación iónica ajustada:

$$2MnO_4^- + 3NO_2^- + H_2O \longrightarrow 2MnO_2 + 3NO_3^- + 2OH^-$$

La ecuación molecular será:

$$2KMnO_4 + 3NaNO_2 + H_2O \longrightarrow 2MnO_2 + 3NaNO_3 + 2KOH$$

4. Ajustar, por el método del ion-electrón, la reacción de oxidación del yoduro potásico a yodo mediante clorato potásico en medio básico. ¿Cuánto clorato potásico se necesitará para obtener 250 g de yodo? Suponiendo que la reacción total es:

$KI + KClO_3 + H_2O \longrightarrow I_2 + KCl + KOH$

Masas atómicas: I = 126,9; K = 39; Cl = 35,5; O = 16

Solución:

La ecuación iónica no ajustada será:

$$I^- + ClO_3^- + H_2O \longrightarrow I_2 + Cl^- + OH^-$$

El oxidante es el ion ClO_3^- reduciéndose a ion Cl^-, ya que el número de oxidación del cloro cambia de +5 en el primero a -1 en el segundo. El reductor es el ion I^- oxidándose a I_2, pues el número de oxidación del yodo cambia de -1 en el primero a 0 en el segundo.

Oxidación: $I^- \longrightarrow I_2$
Reducción: $ClO_3^- \longrightarrow Cl^-$

Ajustando atómica y electrónicamente se obtiene:

$$\begin{cases} 2I^- \longrightarrow I_2 + 2e^- & \text{Semirreacción de oxidación} \\ ClO_3^- + 3H_2O + 6e^- \longrightarrow Cl^- + 6OH^- & \text{Semirreacción de reducción} \end{cases}$$

$$\begin{cases} 6I^- \longrightarrow 3I_2 + 6e^- \\ ClO_3^- + 3H_2O + 6e^- \longrightarrow Cl^- + 6OH^- \end{cases}$$

Sumando:

$$6I^- + ClO_3^- + 3H_2O \longrightarrow 3I_2 + Cl^- + 6OH^-$$

La ecuación molecular será:

$$6KI + KClO_3 + 3H_2O \longrightarrow 3I_2 + KCl + 6KOH$$

La ecuación anterior indica que por cada mol de $KClO_3$ se obtienen tres moles de I_2.Teniendo en cuenta los pesos moleculares del I_2 (253,8) y del $KClO_3$ (122,5), podemos poner:

$$250 \text{ g de } I_2 \frac{122{,}5 \text{ g de } KClO_3}{3 \cdot 253{,}8 \text{ g de } I_2} = 40{,}22 \text{ g de } KClO_3$$

5. Dada la siguiente tabla de potenciales redox:

Electrodo	Proceso de reducción	Potencial normal, en voltios
Fe^{2+}/Fe	$Fe^{2+} + 2e^- \longrightarrow Fe$	-0,44
$H^+/H_2(Pt)$	$2H^+ + 2e^- \longrightarrow H_2$	0
Cu^{2+}/Cu	$Cu^{2+} + 2e^- \longrightarrow Cu$	0,34
$I_2/I^-(Pt)$	$I_2 + 2e^- \longrightarrow 2I^-$	0,54
Ag^+/Ag	$Ag^+ + 1e^- \longrightarrow Ag$	0,80

Se pide:

a) **Fuerza electromotriz de la pila formada por sendos electrodos normales de hierro y de cobre, señalando la polaridad de cada uno en la misma.**

b) **Reacción que ocurriría al introducir una barra de hierro en una disolución normal de ácido clorhídrico.**

c) **Reacción que ocurriría al introducir una barra de cobre en una disolución normal de ácido clorhídrico.**

d) **Reacción que ocurriría al introducir una barra de cobre en una disolución de yodo.**

e) **Reacción que ocurriría al introducir una barra de plata en una disolución de yodo.**

Solución:

a) Actúa de cátodo el electrodo de mayor potencial normal de reducción, por tanto el cátodo está constituido por el electrodo de cobre y el ánodo por el electrodo de hierro.

ÁNODO: semirreacción de oxidación: $Fe \longrightarrow Fe^{2+} + 2e^-$
CÁTODO: semirreacción de reducción: $Cu^{2+} + 2e^- \longrightarrow Cu$

El proceso global de la pila:

$Fe + Cu^{2+} \longrightarrow Fe^{2+} + Cu$

La fuerza electromotriz (f.e.m.) de la pila:

$E^o = E^o_{cátodo} - E^o_{ánodo} = 0{,}34 - (-0{,}44) = 0{,}78 \text{ V}$

El esquema de la pila es:

$^{\ominus}Fe/Fe^{2+} \,||\, Cu^{2+}/Cu^{\oplus}$

Para responder a las siguientes preguntas hay que tener en cuenta que si la fuerza electromotriz de la pila es positiva, el proceso global de la misma es espontáneo en el sentido izquierda derecha. Basta, pues, construir con los pares redox adecuados una hipotética pila que responda a la reacción pedida y hallar su fuerza electromotriz para ver si la reacción es posible o no.

b) Para este caso la posible reacción consistiría en la oxidación del Fe a Fe^{2+} y la reducción del ion H^+ (del ácido clorhídrico) a H_2:

$Fe + 2H^+ \longrightarrow Fe^{2+} + H_2$; $E^o = 0 - (-0{,}44) = 0{,}44$ V

La reacción prevista es espontánea ya que la fuerza electromotriz de la pila es positiva.

c) Para este caso la reacción prevista es la oxidación del Cu a Cu^{2+} y la reducción de H^+ a H_2:

$Cu + 2H^+ \longrightarrow Cu^{2+} + H_2$; $E^o = 0 - 0{,}34 = -0{,}34$ V

La reacción no se realiza espontáneamente.

d) Para este caso la reacción sería la oxidación del Cu a Cu^{2+} y la reducción del I_2 a I^-:

$Cu + I_2 \longrightarrow Cu^{2+} + 2I^-$; $E^o = 0{,}54 - 0{,}34 = 0{,}20$ V

Se produce espontáneamente la reacción prevista.

e) Para este caso la reacción debería consistir en la oxidación de la Ag a Ag^+ y la reducción del I_2 a I^-:

$Ag + I_2 \longrightarrow Ag^+ + 2I^-$; $E^o = 0{,}54 - 0{,}80 = -0{,}26$ V

La reacción no se produce de forma espontánea.

PROBLEMAS

1. **¿Cuál es el número de oxidación del Cl en el HCl y en el $HClO_2$?**

2. **Señala los números de oxidación de los elementos que constituyen los siguientes compuestos: dióxido de plomo (PbO_2), permanganato de potasio ($KMnO_4$), sulfuro de hierro (II) (FeS), ácido nítrico (HNO_3) y cloruro de potasio (KCl).**

3. **¿Cuál es el número de oxidación del cromo en los compuestos siguientes: K_2CrO_4; $CaCr_2O_7$?**

4. **En la reacción $CuSO_4 + Fe \longrightarrow FeSO_4 + Cu$; ¿qué elemento se oxida y cuál se reduce? ¿Por qué?**

5. **Al introducir una lámina de cobre (Cu) en una disolución de yodo (I_2) se produce una reacción de oxidación-reducción entre estas sustancias, cuya ecuación iónica es la siguiente:**

   $Cu + I_2 \longrightarrow Cu^{2+} + 2I^-$

   a) ¿Qué sustancia se oxida? ¿Cuál se reduce?

   b) Escribe las semiecuaciones de oxidación y de reducción correspondientes a este proceso.

6. **En la electrólisis del cloruro de cobre (II) ($CuCl_2$), los iones cobre (II) (Cu^{2+}) se reducen transformándose en cobre metálico (Cu) y los iones cloruro (Cl^-) se oxidan originando gas cloro (Cl_2).**

   a) Escribir las semiecuaciones de oxidación y de reducción.

   b) Escribir la ecuación iónica correspondiente a la reacción redox.

7. **En la reacción siguiente, $NH_3 + O_2 \longrightarrow NO + H_2O$ ¿qué sustancia se oxida y cuál se reduce? Razona la contestación. Ajusta correctamente esa ecuación redox.**

8. **El ácido nítrico (HNO_3) concentrado reacciona con el carbono (C) produciendo dióxido de carbono (CO_2) y óxido nítrico (NO). Escribe la reacción que tiene lugar y ajústala por el método del ion-electrón.**

9. **El ácido nítrico (HNO_3) muy diluido reacciona con el cinc (Zn) originando nitrato de cinc ($Zn(NO_3)_2$), nitrato de amonio (NH_4NO_3) y agua (H_2O). Formula y ajusta este proceso.**

10. **Agitando una mezcla de ácido sulfúrico (H_2SO_4), ácido nítrico (HNO_3) y mercurio (Hg) se forma sulfato de mercurio (I) (Hg_2SO_4), óxido nítrico (NO) y agua (H_2O). Formula y ajusta el proceso.**

11. **El dicromato de potasio ($K_2Cr_2O_7$) reacciona con el sulfato de hierro (II) ($FeSO_4$) en presencia de ácido sulfúrico (H_2SO_4) para originar sulfato de potasio (K_2SO_4), sulfato de cromo (III) ($Cr_2(SO_4)_3$), sulfato de hierro (III) ($Fe_2(SO_4)_3$) y agua (H_2O). Formula y ajusta la reacción.**

12. **Ajusta las reacciones cuyas ecuaciones se indican:**

    a) $MnO_4^- + H_2S + H^+ \longrightarrow Mn^{2+} + S + H_2O$

    b) $NO_2^- + MnO_4^- + H_2O \longrightarrow NO_3^- + MnO_2 + OH^-$

    c) $Cr_2O_7^{2-} + I^- + H^+ \longrightarrow Cr^{3+} + I_2 + H_2O$

    d) $H_2SO_4 + HI \longrightarrow I_2 + H_2S + H_2O$

13. **Ajusta las siguientes ecuaciones, correspondientes a reacciones redox, en medio ácido:**

    a) $Cl^- + MnO_4^- \longrightarrow Cl_2 + Mn^{2+}$

    b) $Zn + NO_3^- \longrightarrow Zn^{2+} + NH_4^+$

    c) $Ag + NO_3^- \longrightarrow Ag^+ + NO_2$

    d) $Cu + NO_3^- \longrightarrow Cu^{2+} + NO$

    e) $Br^- + MnO_4^- \longrightarrow Mn^{2+} + Br_2$

14. **Ajustar las siguientes ecuaciones redox:**

    a) $HCl + MnO_2 \longrightarrow MnCl_2 + Cl_2 + H_2O$

    b) $Fe_2O_3 + C \longrightarrow Fe + CO_2$

    c) $HNO_3 + S \longrightarrow H_2SO_4 + NO$

    d) $MnO_2 + As_2O_3 + HCl \longrightarrow MnCl_2 + As_2O_5 + H_2O$

    e) $Cl_2 + H_2O + As_2O_3 \longrightarrow H_3AsO_4 + HCl$

SOLUCIONES DE LOS PROBLEMAS

1. –1 en el HCl y +3 en el $HClO_2$

2. PbO_2: +4 el Pb y –2 el O

   $KMnO_4$: +1 el K, +7 el Mn y –2 el O

   FeS: +2 el Fe y –2 el S

   HNO_3: +1 el H, +5 el N y –2 el O

   KCl: +1 el K y –1 el Cl

3. +6 en ambos compuestos.

4. Se oxida el Fe porque pierde electrones para pasar a Fe^{2+}, y se reduce el ion Cu^{2+} porque gana electrones para pasar a Cu.

5. a) Se oxida el cobre (Cu) y se reduce el yodo (I_2).

   b) Semiecuación de oxidación: $Cu - 2e^- \longrightarrow Cu^{2+}$

   Semiecuación de reducción: $I_2 + 2e^- \longrightarrow 2I^-$

6. a) Semiecuación de reducción: $Cu^{2+} + 2e^- \longrightarrow Cu$

   Semiecuación de oxidación: $2Cl^- - 2e^- \longrightarrow Cl_2$

   b) Ecuación iónica: $Cu^{2+} + 2Cl^- \longrightarrow Cu + Cl_2$

7. Se oxida el NH_3, ya que el nitrógeno pierde electrones al cambiar su número de oxidación de –3 en el NH_3 a +2 en el NO. Se reduce el O_2, ya que el oxígeno gana electrones al cambiar su número de oxidación de cero en el O_2 a –2 en el NO y en el H_2O.

   $4NH_3 + 5O_2 \longrightarrow 4NO + 6H_2O$

8. $4HNO_3 + 3C \longrightarrow 3CO_2 + 4NO + 2H_2O$

9. $10HNO_3 + 4Zn \longrightarrow 4Zn(NO_3)_2 + NH_4NO_3 + 3H_2O$

10. $3H_2SO_4 + 2HNO_3 + 6\ Hg \longrightarrow 3Hg_2SO_4 + 2NO + 4H_2O$

11. $K_2Cr_2O_7 + 6FeSO_4 + 7H_2SO_4 \longrightarrow K_2SO_4 + Cr_2(SO_4)_3 + 3\ Fe_2(SO_4)_3 + 7H_2O$

12. a) $2MnO_4^- + 5H_2S + 6H^+ \longrightarrow 2Mn^{2+} + 5S + 8H_2O$

b) $3NO_2^- + 2MnO_4^- + H_2O \longrightarrow 3NO_3^- + 2MnO_2 + 2OH^-$

c) $Cr_2O_7^{2-} + 6I^- + 14H^+ \longrightarrow 2Cr^{3+} + 3I_2 + 7H_2O$

d) $H_2SO_4 + 8HI \longrightarrow 4I_2 + H_2S + 4H_2O$

13. a) $10Cl^- + 2MnO_4^- + 16H^+ \longrightarrow 5Cl_2 + 2Mn^{2+} + 8H_2O$

b) $4Zn + NO_3^- + 10H^+ \longrightarrow 4Zn^{2+} + NH_4^+ + 3H_2O$

c) $Ag + NO_3^- + 2H^+ \longrightarrow Ag^+ + NO_2 + H_2O$

d) $3Cu + 2NO_3^- + 8H^+ \longrightarrow 3Cu^{2+} + 2NO + 4H_2O$

e) $10Br^- + 2MnO_4^- + 16H^+ \longrightarrow 2Mn^{2+} + 5Br_2 + 8H_2O$

14. a) $4HCl + MnO_2 \longrightarrow MnCl_2 + Cl_2 + 2H_2O$

b) $2Fe_2O_3 + 3C \longrightarrow 4Fe + 3CO_2$

c) $2HNO_3 + S \longrightarrow H_2SO_4 + 2NO$

d) $2MnO_2 + As_2O_3 + 4HCl \longrightarrow 2MnCl_2 + As_2O_5 + 2H_2O$

e) $2Cl_2 + 5H_2O + As_2O_3 \longrightarrow 2H_3AsO_4 + 4HCl$

Tema 8

Reacciones de precipitación

Introducción

Podemos definir una disolución como una mezcla homogénea de composición variable, dentro de ciertos límites.

Las disoluciones tienen una composición variable, es decir, que se puede variar la proporción en que se encuentran los componentes, si bien ello está limitado por la solubilidad del soluto en el disolvente considerado.

Cuando a una determinada cantidad de disolvente se le añaden cantidades sucesivas de un soluto, se llega a un punto en el que ya no se disuelve más soluto, en este momento se dice que el disolvente está saturado de soluto. La disolución formada es una disolución saturada.

La teoría cinética puede explicar el fenómeno de disolución de una sustancia en un determinado disolvente. Las moléculas o iones que constituyen el sólido, al ponerse en contacto con el disolvente pueden ser atraídas por las moléculas de éste, permitiendo vencer las fuerzas que mantienen unidas las unidades elementales que forman el cristal.

Cuando el número de partículas disueltas va aumentando, empiezan a ponerse de manifiesto cierta atracción, de carácter reticular entre ellas, de tal forma que a medida que aumenta la concentración aumentan también las fuerzas reticulares y llega un momento en que dichas fuerzas permiten que el cristal se forme nuevamente.

Para una cierta concentración se establece un **equilibrio dinámico**, en el cual, la tendencia del sólido a disolverse es igual a la que manifiesta el soluto disuelto a separarse de la disolución, es decir, a precipitar.

Podemos suponer el siguiente equilibrio:

$$\text{soluto (sólido)} \underset{\text{precipitación}}{\overset{\text{disolución}}{\rightleftarrows}} \text{soluto (disuelto)}$$

Disolución saturada es aquella que se encuentra en equilibrio con un exceso de soluto.

1. Concepto de solubilidad. Solubilidad de sales y reacciones de precipitación

1.1. Concepto de solubilidad

Llamamos solubilidad del soluto en un determinado disolvente, y, por supuesto, a una determinada temperatura, a la concentración del soluto en una disolución saturada.

La temperatura es un factor determinante, que puede modificar el punto de equilibrio. En general, la solubilidad aumenta con la temperatura.

1.2. Solubilidad de sales y reacciones de precipitación

Uno de los factores de los que depende la solubilidad de una sustancia en un determinado disolvente es la naturaleza de la misma. Es conveniente tener idea sobre qué tipo de sustancias son solubles en agua y cuáles lo son muy poco. Se puede generalizar atendiendo a lo siguiente:

- Todas las sales de Na^+, K^+ y NH_4^+ son solubles.
- Todos los nitratos son solubles.
- Todos los cloruros son solubles, con excepción del AgCl, $HgCl_2$, $PbCl_2$ y CuCl.
- Todos los sulfatos son solubles, con excepción del $CaSO_4$, $SrSO_4$, $BaSO_4$, $PbSO_4$, $HgSO_4$, Hg_2SO_4 y Ag_2SO_4.
- Todos los hidróxidos son poco solubles, salvo los alcalinos, $Sr(OH)_2$, $Ba(OH)_2$ y NH_4OH.
- Todos los carbonatos son poco solubles, con excepción de los alcalinos y de NH_4^+.

Cuando se sobrepasan los límites de solubilidad del soluto surge la precipitación de éste. Podemos definir la precipitación como la aparición de una fase sólida en el seno de la disolución, recibiendo el nombre de precipitado el producto sólido que se origina.

Si en una reacción química los reactivos que intervienen se encuentran en disolución, y se obtiene como producto de la misma una sustancia poco soluble, cuya concentración sobrepase límites de su solubilidad, se producirá la precipitación de dicha sustancia. Estas reacciones químicas se denominan **reacciones de precipitación**.

Ejemplo:

Si disponemos de una disolución de $CaCl_2$ y de otra de Na_2SO_4 (sales muy solubles, por tanto estarán completamente disociadas en sus iones), al mezclarlas se produce NaCl (sal muy soluble, y por tanto estará totalmente disociada) y $CaSO_4$, sal muy poco soluble y por tanto si la concentración sobrepasa los límites de solubilidad de la misma se producirá la precipitación de ésta. La reacción de precipitación anterior podemos esquematizarla mediante la siguiente ecuación:

$$CaCl_{2\,(aq)} + Na_2SO_{4\,(aq)} \longrightarrow 2NaCl_{(aq)} + CaSO_4 \downarrow$$

Donde $\downarrow$ representa que esta sustancia precipita.

2. Equilibrio de solubilidad. Producto de solubilidad

2.1. Equilibrio de solubilidad. Producto de solubilidad

Como hemos dicho en la introducción de este tema, en toda disolución saturada se establece un equilibrio dinámico entre el soluto sólido (sin disolver) y el soluto disuelto. Este equilibrio se denomina **equilibrio de solubilidad**.

Supongamos una sal poco soluble como el CuCl. El proceso de su disolución en agua lo podemos representar de la forma siguiente:

$$CuCl_{(s)} \rightleftarrows Cu^+_{(aq)} + Cl^-_{(aq)}$$

Esta ecuación indica que el cloruro de cobre (I) está en equilibrio con sus iones hidratados en la disolución. Por tanto, las concentraciones de los iones $Cl^-_{(aq)}$ y $Cu^+_{(aq)}$

son constantes, mientras no varíe la temperatura de la disolución.

Al producto de las concentraciones $Cl^-_{(aq)}$ y $Cu^+_{(aq)}$ (en mol/dm^3), y para una temperatura determinada, se le llama **producto de solubilidad** del CuCl. Este producto constante para cada temperatura, se representa por K_s:

$$K_s = [Cl^-_{(aq)}]\ [Cu^+_{(aq)}]$$

En un caso general, el de un soluto representado por A_xB_y, escribimos la ecuación química de equilibrio en la forma:

$$A_xB_{y(s)} \rightleftarrows xA^{y+}_{(aq)} + yB^{x-}_{(aq)}$$

y la constante del producto de solubilidad viene dada por:

$$K_s = [A^{y+}_{(aq)}]^x\ [B^{x-}_{(aq)}]^y$$

Cada una de las molaridades de los iones hidratados vendrá elevada a un exponente, cuyo valor numérico sea igual al del coeficiente del ion en la ecuación de equilibrio de solubilidad.

Por ejemplo, el producto de solubilidad del Ag_2CrO_4 se expresa de la siguiente manera:

$$Ag_2CrO_{4(s)} \rightleftarrows 2Ag^+ + CrO_4^{2-}$$

$$K_s = [Ag^+]^2\ [CrO_4^{2-}]$$

El producto de solubilidad sólo podrá aplicarse a sustancias muy poco solubles.

La constante del producto de solubilidad, como cualquier otra constante de equilibrio, sólo es constante a la temperatura considerada.

La constante del producto de solubilidad regula la disolución y la precipitación de las sustancias. En general, podemos decir que:

- Una sustancia precipitará cuando el producto de las concentraciones de los iones formados en su disociación iónica, elevados a sus respectivos coeficientes, sea mayor que su K_s.
- Un precipitado se disuelve cuando dicho producto sea inferior al que define su K_s.
- Cuando el indicado producto de las concentraciones es igual a K_s, se tiene una disolución saturada de la sustancia considerada.

2.2. Relación entre solubilidad y producto de solubilidad

Sea una sal del tipo A_xB_y cuya disociación iónica representamos por el equilibrio:

$$A_xB_{y(s)} \rightleftarrows xA^{y+}_{(aq)} + yB^{x-}_{(aq)}$$

Cada mol que se disuelve origina x moles del ion A^{y+} e y moles del ion B^{x-}.

La solubilidad (s) es la concentración molar de la sal disuelta.

Por tanto:

$$[A^{y+}] = xs$$
$$[B^{x-}] = ys$$
$$K_s = [A^{y+}]^x[B^{x-}]^y = (xs)^x(ys)^y$$
$$K_s = x^xy^ys^{x+y}$$

3. Factores que afectan a la solubilidad

La solubilidad de una sustancia depende de los siguientes factores:

- De la naturaleza de la sustancia, de manera que para un determinado disolvente, hay sustancias muy solubles y otras muy poco solubles o insolubles, y entre estos dos casos límites toda una gama.
- De la naturaleza del disolvente, de manera que hay sustancias que son muy solubles en un determinado disolvente mientras que en otros son muy poco solubles o insolubles. Por ejemplo las grasas son insolubles en agua y muy solubles en alcohol.
- De la temperatura. Por regla general, la solubilidad de los sólidos en los líquidos aumenta con la temperatura, aunque existen casos en los que ocurre lo contrario, como por ejemplo el $CaCrO_4$ cuya solubilidad en agua disminuye con la temperatura.

  La solubilidad de los gases en los líquidos disminuye al aumentar la temperatura, influyendo en estos casos también la presión, de modo que según la ley de Henry, la cantidad de gas que se disuelve en un líquido es directamente proporcional a la presión parcial que se ejerce, permaneciendo constante la temperatura.
- De la presencia de un ion común. La solubilidad de una sal en una disolución que contenga alguno de sus iones es menor que en una disolución que no contiene ninguno de los iones de la sal.

Supongamos una sal del tipo A_xB_y, cuyo equilibrio de solubilidad es:

$$A_xB_{y(s)} \rightleftarrows xA^{y+}{}_{(aq)} + yB^{x-}{}_{(aq)}$$

Si se añade una cantidad determinada de iones B^{x-} a esta sal en equilibrio, resulta que al aumentar la concentración de estos iones, el equilibrio (principio de Le Chatelier) se desplaza hacia la izquierda, de forma que precipita la sal. Es decir, que al añadir un ion común con alguno de los producidos en su disociación, la sal disminuye su solubilidad. Puede haber casos de excepción cuando el exceso de ion común dé lugar a la formación de un complejo soluble.

En el problema resuelto número 3, se estudia el efecto del ion común sobre la solubilidad del iodato de plomo (II), $Pb(IO_3)_2$.

PROBLEMAS RESUELTOS

1. **Si la solubilidad molar del fluoruro de calcio es 2,15 · 10^{-4} mol/dm³. Calcula su producto de solubilidad.**

Solución:

La ecuación de solubilidad es la siguiente:

$$CaF_{2(s)} \rightleftarrows Ca^{2+}_{(aq)} + 2F^{-}_{(aq)}$$

Según esta ecuación, por cada mol de CaF_2 que se disuelve, se produce 1 mol de $Ca^{2+}_{(aq)}$ y 2 moles de $F^{-}_{(aq)}$. Como la solubilidad del CaF_2 es 2,5 · 10^{-4} mol/dm³, las concentraciones iónicas en el equilibrio serán:

$$[Ca^{2+}_{(aq)}] = 2{,}15 \cdot 10^{-4}\ mol/dm^3$$

$$[F^{-}(aq)] = 2 \cdot 2{,}15 \cdot 10^{-4} = 4{,}3 \cdot 10^{-4}\ mol/dm^3$$

El producto de solubilidad vendrá dado por:

$$K_s = [Ca^{2+}_{(aq)}]\ [F^{-}_{(aq)}]^2 = (2{,}15 \cdot 10^{-4})\ (4{,}3 \cdot 10^{-4})^2 = 4{,}0 \cdot 10^{-11}$$

2. **Supongamos la sal $Pb(IO_3)_2$, cuyo K_s = 3,2 · 10^{-13}, a 25 °C de temperatura. Calcular la solubilidad de la misma.**

Solución:

La ecuación que representa su equilibrio de solubilidad es:

$$Pb(IO_3)_2 \rightleftarrows Pb^{2+}_{(aq)} + 2IO^{-}_{3\,(aq)}$$

$$K_s = [Pb^{2+}_{(aq)}]\ [IO^{-}_{3\,(aq)}]^2$$

Si llamamos s a la solubilidad molar del yodato de plomo (II), las concentraciones en $\frac{mol}{dm^3}$ de los iones plomo (II) y yodato, expresadas en término de solubilidad son:

$$[Pb^{2+}_{(aq)}] = s$$
$$[IO^{-}_{3\,(aq)}] = 2s$$

Por tanto:

$$K_s = (s)(2s)^2 = 4s^3 = 3{,}2 \cdot 10^{-13}$$

$$s = \sqrt[3]{\frac{3{,}2 \cdot 10^{-13}}{4}} = 4{,}3 \cdot 10^{-5}\ \frac{mol}{dm^3}$$

Si se quiere expresar la solubilidad en $\frac{gramos}{dm^3}$ basta con multiplicar por la masa molecular de la sustancia.

3. Calcular la solubilidad en $\frac{mol}{dm^3}$ del $Pb(IO_3)_2$ en una disolución de $NaIO_3$, 0,01M, siendo el producto de solubilidad del $Pb(IO_3)_2 = 3,2 \cdot 10^{-13}$.

Solución:

En la disolución hay dos fuentes de iones yodato. Una es el yodato de sodio:

$$NaIO_3 \longrightarrow Na^+ + IO_3^-$$

Esta sal está disociada en forma total y, por tanto, la concentración molar de iones IO_3^-, por esta parte, debe ser 0,01M, ya que por cada mol de $NaIO_3$ se produce un mol de IO_3^-.

La otra es el propio $Pb(IO_3)_2$. El equilibrio de solubilidad del $Pb(IO_3)_2$ es:

$$Pb(IO_3)_2 \rightleftarrows Pb^{2+}{}_{(aq)} + 2IO_3^-{}_{(aq)}$$

Por cada mol de $Pb(IO_3)_2$ se producen dos moles de IO_3^-. Luego la concentración de iones $[IO_3^-]$ en $\frac{mol}{dm^3}$ será, llamando s a la solubilidad del $Pb(IO_3)_2$:

$$[IO_3^-] = (0,01 + 2s)\ \frac{mol}{dm^3}$$

Ahora bien, dado el pequeño valor del producto de solubilidad del yodato de plomo, tenemos que pensar que la solubilidad es muy pequeña y, por tanto, 2s es despreciable frente a 0,01. Entonces:

$$[IO_3^-] = (0,01 + 2s) \simeq 0,01\ \frac{mol}{dm^3}$$

Aplicando la constante del producto de solubilidad del yodato de plomo, en función de las solubilidades de sus iones, tenemos:

$$K_s = [Pb^{2+}][IO_3^-]^2 = (s)(0,01)^2 = 3,2 \cdot 10^{-13}$$

de donde:

$$s = 3,2 \cdot 10^{-9}\ \frac{mol}{dm^3}$$

Hemos visto en el problema anterior que la solubilidad del yodato de plomo en agua pura era:

$$s = 4,3 \cdot 10^{-5}\ \frac{mol}{dm^3}$$

Vemos como, por efecto del ion común, dicha disolubilidad ha disminuido notablemente.

4. **Supongamos que mezclamos 100 cm³ de una disolución de nitrato de talio ($TlNO_3$), 0,04 M con 300 cm³ de una disolución de NaCl 0,008 M. Sabiendo que el producto de solubilidad del TlCl es: $K_s = 1,9 \cdot 10^{-4}$, dígase si se formará o no precipitado.**

   ¿Qué ocurriría si la disolución de $TlNO_3$ fuese 0,08 M y la de NaCl 0,2 M, y se mezclaran volúmenes iguales de ambos?

   Solución:

   El volumen total de la disolución que se forma después de la mezcla es:

$$V = 100 \text{ cm}^3 + 300 \text{ cm}^3 = 400 \text{ cm}^3$$

   La concentración inicial de iones Tl^+, es decir, antes de la mezcla, en $\frac{\text{mol}}{\text{dm}^3}$ es:

$$c_0 = [Tl^+] = 0,04 \frac{\text{mol}}{\text{dm}^3}$$

   Como el volumen es 100 cm³, el número de moles de Tl^+ es:

$$0,04 \frac{\text{mol}}{\cancel{\text{dm}^3}} \cdot 0,1 \cancel{\text{dm}^3} = 0,004 \text{ mol}$$

   Por tanto, al variar el volumen, la nueva concentración, en $\frac{\text{mol}}{\text{dm}^3}$ de iones Tl^+, es:

$$c = [Tl^+] = \frac{0,004 \text{ mol}}{0,400 \text{ dm}^3} = 0,010 \frac{\text{mol}}{\text{dm}^3}$$

   Como la concentración inicial de iones Cl^- es:

$$[Cl^-] = 0,008 \frac{\text{mol}}{\text{dm}^3}$$

   el número de moles de Cl^- es:

$$0,008 \cdot 0,300 = 2,4 \cdot 10^{-3} \text{ mol}$$

   y la concentración de iones Cl^-, en $\frac{\text{mol}}{\text{dm}^3}$, después de la mezcla es:

$$c' = [Cl^-] = \frac{2,4 \cdot 10^{-3} \text{ mol}}{0,400 \text{ dm}^3} = 0,006 \frac{\text{mol}}{\text{dm}^3}$$

   Entonces:

$$[Tl^+][Cl^-] = 0,006 \cdot 0,010 = 6 \cdot 10^{-5}$$

Este producto resulta ser menor que K_s ($K_s = 1{,}9 \cdot 10^{-4}$), por tanto, no habrá precipitado.

Veamos ahora qué ocurre si las disoluciones mezcladas fuesen:

$TlNO_3$: 0,08 M; volumen V
NaCl: 0,20 M; volumen V

El nuevo volumen será 2V.

El número de moles de iones Tl^+ es:

$$0{,}08\ \frac{mol}{dm^3} \cdot V(\text{en } dm^3) = 0{,}08\ V$$

La nueva concentración de ion Tl^+ en $\frac{mol}{dm^3}$ es:

$$[Tl^+] = \frac{0{,}08\ V}{2\ V} = 0{,}04\frac{mol}{dm^3}$$

De igual forma, el número de moles de iones Cl^- es:

$$0{,}20\ \frac{mol}{dm^3} \cdot V\ (\text{en } dm^3) = 0{,}20\ V\ mol$$

La nueva concentración de iones Cl^- es:

$$[Cl^-] = \frac{0{,}20\ V}{2\ V} = 0{,}1\frac{mol}{dm^3}$$

El producto:

$$[Tl^+]\ [Cl^-] = 4 \cdot 10^{-2} \cdot 0{,}1 = 4 \cdot 10^{-3}$$

resulta ser mayor que K_s, por tanto se formará un precipitado, hasta que se reduzca la concentración de los iones al límite impuesto por su producto de solubilidad.

PROBLEMAS

1. **Sabiendo que la solubilidad del hidróxido de calcio es $0{,}02 \frac{mol}{dm^3}$, calcúlese el producto de solubilidad del $Ca(OH)_2$.**

2. **Calcular la solubilidad del yoduro de talio (TlI) en g/dm^3 sabiendo que el producto de solubilidad de dicho compuesto es: $K_s = 8{,}9 \cdot 10^{-8}$.**

   Masas atómicas: Tl = 204,4; I = 126,9

3. **El producto de solubilidad del bromuro de plata es $K_s = 4{,}6 \cdot 10^{-13}$ a 25 ºC. Calcúlese la solubilidad del AgBr a dicha temperatura y calcúlese cuántos miligramos de esta sal se disuelven en 20 dm^3 de disolución.**

   Masas atómicas: Ag = 107,9; Br = 79,9

4. **Sabiendo que la solubilidad del hidróxido de plomo (II) es $4 \cdot 10^{-4} \frac{mol}{dm^3}$ a 18 ºC, calcúlese la mayor concentración de ion plomo (II) (Pb^{2+}) que puede existir en agua pura.**

   NOTA: en agua pura $[H^+] = [OH^-] = 10^{-7} \frac{mol}{dm^3}$

5. **Sabiendo que el producto de solubilidad del $PbSO_4$ es: $K_s = 1{,}6 \cdot 10^{-18}$, calcúlese la concentración de SO_4^{2-} que habrá después de mezclar 1 dm^3 de disolución de H_2SO_4 0,002 M con 1 dm^3 de disolución de $Pb(NO_3)_2$ 0,002M. ¿Se formará precipitado?**

6. **Se tienen 50 cm^3 de una disolución $5{,}0 \cdot 10^{-4}$ M de nitrato de calcio y se mezcla con 50 cm^3 de otra disolución $2{,}0 \cdot 10^{-4}$ M de fluoruro de sodio, obteniéndose 100 cm^3 de disolución total. Sabiendo que el producto de solubilidad del fluoruro de calcio es $K_s = 4 \cdot 10^{-11}$, decir si habrá o no precipitado y, en cualquier caso, expresar el resultado al que se llegue.**

7. **El hidróxido de magnesio tiene un producto de solubilidad de $8{,}9 \cdot 10^{-12}$. Calcúlese su solubilidad en agua pura y en una solución 0,05 M de hidróxido de sodio.**

SOLUCIONES DE LOS PROBLEMAS

1. $3,2 \cdot 10^{-5}$
2. 0,099 g/dm^3
3. $s = 1,3 \cdot 10^{-4}$ g/dm^3; se disuelven 2,6 mg de AgBr
4. $2,56 \cdot 10^{-4}$ $moles/dm^3$
5. 0,01 mol/dm^3; habrá precipitado de $PbSO_4$
6. No habrá precipitado, ya que $[F^-]^2 \cdot [Ca^{2+}] = 2,5 \cdot 10^{-12} < K_s$
7. $1,32 \cdot 10^{-4}$ mol/dm^3 en agua pura y $3,56 \cdot 10^{-9}$ mol/dm^3 en la disolución 0,05 M de NaOH

Tema 9

Introducción a la Química Orgánica

Introducción

La rama de la Química que se dedica al estudio de los compuestos del carbono se ha denominado clásicamente **Química Orgánica**, debido a la supuesta imposibilidad de sintetizar dichos compuestos en un laboratorio, únicamente los seres vivos podían producirlos. Sin embargo, hoy día se ha logrado sintetizar un gran número de dichos compuestos, por lo que actualmente se tiende a emplear el término de **Química del Carbono** para denominar esta rama.

Una de las razones por la que la Química dedica una rama específica al estudio de estos compuestos es el hecho de que existen muchos más compuestos del carbono que del resto de los elementos conjuntamente, si exceptuamos el hidrógeno (el número de compuestos en los que se encuentra presente el hidrógeno supera a los del carbono gracias a que, prácticamente, todos los compuestos del carbono contienen además hidrógeno).

Los compuestos del carbono se caracterizan por que sus moléculas están constituidas por cadenas formadas por átomos de carbono unidos entre sí, a los que también se unen átomos de otros elementos. En muchos de estos compuestos, estas cadenas están formadas por un elevadísimo número de átomos, constituyendo moléculas gigantescas (macromoléculas).

La mayoría de los compuestos del carbono se descomponen a temperaturas relativamente bajas. Por ello, las reacciones entre estos compuestos no se pueden realizar a temperaturas altas, lo cual se consigue con la intervención de enzimas específicas (catalizadores).

1. Cadenas carbonadas. Enlaces simple, doble y triple

1.1. Enlaces del carbono

La gran capacidad del carbono para formar compuestos uniéndose consigo mismo, al hidrógeno y otros elementos, viene determinada por su configuración electrónica y las posibilidades que se derivan de la misma.

La configuración electrónica del carbono es $1s^2$, $2s^2\ 2p^2$. Teniendo en cuenta que los electrones tienden a ocupar el mayor número de orbitales posibles en un mismo nivel, la configuración electrónica de la última capa será:

$$2s^1\ 2p_x^1\ 2p_y^1\ 2p_z^1$$

Es decir, en los orbitales s, p_x, p_y y p_z hay electrones desapareados lo que, en principio, explicaría la tetravalencia del carbono.

Las estructuras de los enlaces simples, dobles y triples entre átomos de carbono constituyen ejemplos de las distintas hibridaciones que pueden darse en el átomo de carbono al establecer enlaces covalentes:

■ El enlace simple C–C

En este tipo se hibridan los orbitales 2s, $2p_x$, $2p_y$ y $2p_z$, resultando cuatro orbitales equivalentes dirigidos hacia los cuatro vértices de un tetraedro regular (hibridación tetragonal o tetraédrica, sp^3).

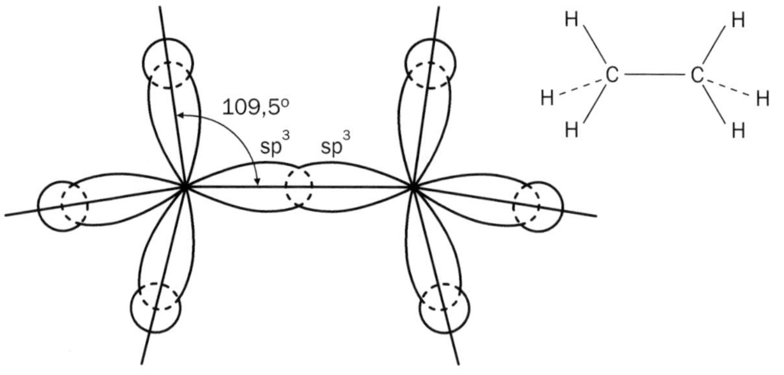

FIGURA 9.1.
Hibridación tetragonal en el enlace simple.

La figura 9.1 muestra un esquema de la molécula de etano (CH_3–CH_3) en el que se puede observar la hibridación tetragonal.

Los enlaces C–C son, en general, covalentes puros puesto que los átomos participantes son de igual electronegatividad. Los enlaces C–H poseen, asimismo, una polaridad muy pequeña. Ambos enlaces, pues, son muy estables; de ahí que los compuestos saturados formados sólo por carbono e hidrógeno sean poco activos químicamente (compuestos saturados son aquellos cuyos átomos de carbono están unidos entre sí por enlaces simples únicamente).

■ El enlace doble C=C

En este caso se hibridan los orbitales 2s, $2p_x$ y $2p_y$ (hibridación trigonal, sp^2) permaneciendo sin perturbar el orbital $2p_z$.

Por tanto, habrá tres orbitales equivalentes situados en un mismo plano formando entre sí ángulos de 120º, y un cuarto orbital situado perpendicularmente a aquellos (figura 9.2).

Los orbitales coplanarios dan origen a enlaces sigma y el orbital perpendicular $2p_z$, a enlaces pi.

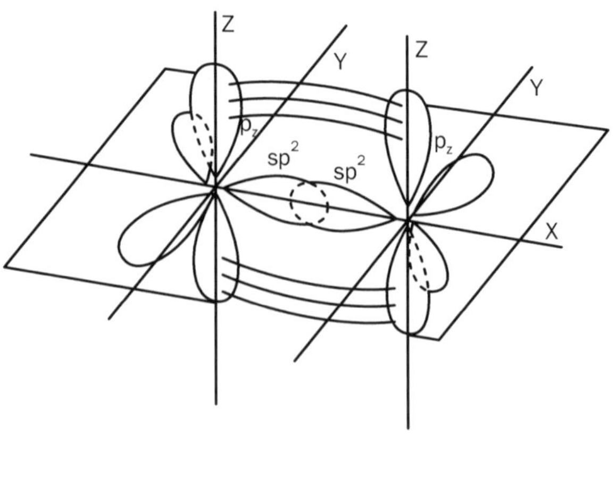

FIGURA 9.2.
Hibridación trigonal en el enlace doble.

El doble enlace está, por tanto, constituido por un enlace sigma y uno pi, mucho más débil, de modo que el compuesto que lo posee es mucho más reactivo que los compuestos de enlace sencillo.

■ Enlace triple C≡C

En este tipo sólo se hibridan los orbitales 2s y $2p_x$ originando dos orbitales colineales equivalentes (hibridación digonal, sp) y permaneciendo sin alterar los orbitales $2p_y$ y $2p_z$ situados sobre los ejes Y y Z (figura 9.3).

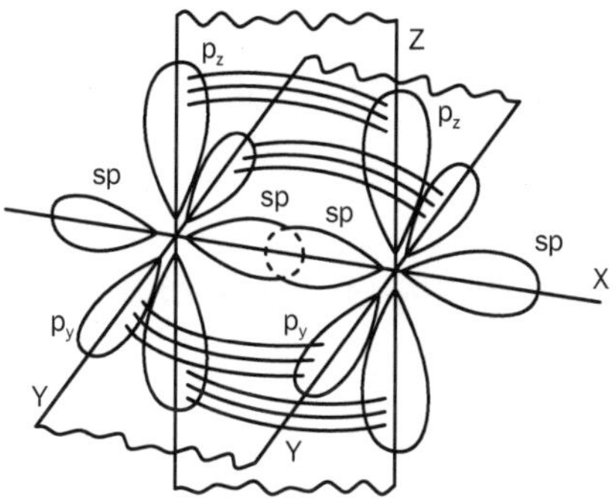

FIGURA 9.3. *Hibridación digonal en el enlace triple.*

El triple enlace está constituido por un enlace sigma y dos enlaces pi, lo que da a la molécula una reaccionabilidad mucho más acusada que la de los compuestos anteriores.

1.2. Cadenas carbonadas

Se denominan cadenas carbonadas a las cadenas formadas por átomos de carbono unidos entre sí. El enlace que une cada par de átomos de la cadena puede ser simple, doble o triple. Los átomos de carbono que forman la cadena no se disponen alineados, sino que adoptan la forma de «cadena en zigzag».

Las cadenas carbonadas pueden ser **abiertas** o **cerradas**, y presentar o no ramificaciones (**ramificadas** o **lineales**).

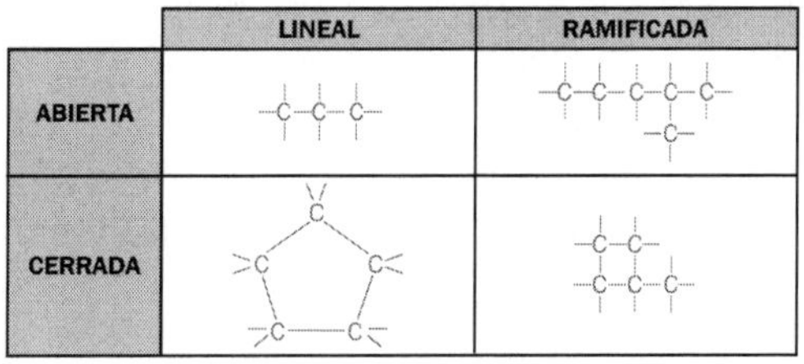

ESQUEMA 9.1. *Clasificación de las cadenas carbonadas.*

En el cuadro que ofrecemos en el esquema 9.1 se muestran ejemplos de los distintos tipos de cadenas, en ellas las rayas representan los enlaces de cada átomo de carbono (a través de los enlaces que le quedan libres a cada átomo de carbono, se unen con átomos de otros elementos).

NÚMERO DE ÁTOMOS DE CARBONO	PREFIJO
1	met
2	et
3	prop
4	but
5	pent
6	hex
7	hept
8	oct
9	non
10	dec
Etc.	...

ESQUEMA 9.2. *Prefijos utilizados para indicar el número de átomos de carbono.*

En los nombres de los compuestos se suele indicar el número de átomos de carbono de la cadena mediante prefijos determinados. La tabla que mostramos en el esquema 9.2 recoge los prefijos correspondientes a los diez primeros números.

Si un átomo de carbono solamente está unido a otro carbono se le denomina **primario**, si está unido a dos **secundario** y si está unido a tres, **terciario**. En el ejemplo que sigue: $C^{(1)}$, $C^{(4)}$ y $C^{(5)}$ son carbonos primarios, $C^{(2)}$ es un carbono secundario y $C^{(3)}$ es un carbono terciario.

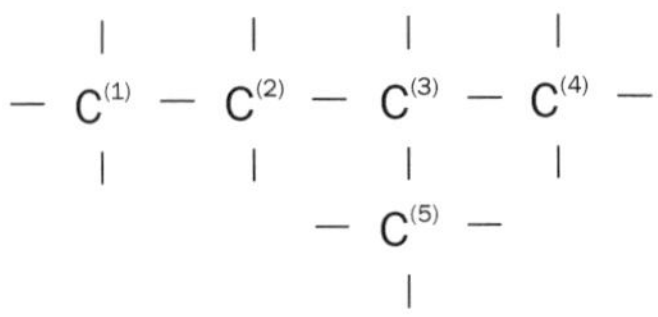

2. Concepto de grupo funcional y serie homóloga

2.1. Concepto de grupo funcional y función orgánica

La mayoría de los compuestos del carbono presentan en la cadena hidrocarbonada algunos átomos distintos del carbono y del hidrógeno, lo que le confiere al compuesto un comportamiento peculiar.

Las propiedades de los compuestos del carbono dependen tanto de la cadena carbonada que los forman como de la presencia de determinados grupos atómicos que se denominan **grupos funcionales**. Cada grupo funcional es característico de una clase de compuestos y determina en ellos algunas propiedades comunes; cada una de estas clases constituye una **función orgánica**.

2.2. Funciones orgánicas más importantes

Entre las funciones orgánicas más importantes se encuentran aquellas en las que en su grupo funcional figura el oxígeno (funciones orgánicas oxigenadas), o el nitrógeno (funciones orgánicas nitrogenadas).

2.2.1. Funciones orgánicas oxigenadas

Las principales funciones orgánicas oxigenadas son:

- **Función alcohol**

El grupo funcional que determina esta función es el **grupo hidroxilo**, –OH. Una misma cadena puede presentar varios grupos hidroxilos.

Los alcoholes pueden ser primarios, secundarios o terciarios según que el grupo hidroxilo esté unido a un carbono primario, a uno secundario o a uno terciario.

Si un compuesto presenta más de un grupo hidroxilo se dice que es un polialcohol.

El grupo hidroxilo está enlazado de forma covalente a un átomo de carbono, por lo que no debe confundirse con el ion hidróxido (OH^-).

Función aldehído

Se caracteriza porque el grupo funcional es el **grupo carbonilo,** >C=O, que se localiza en uno o en ambos extremos de la cadena (en un carbono primario), por lo que su estructura responde a:

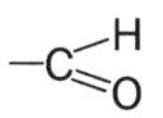

(–CHO)

Función cetona

El grupo funcional es también el **grupo carbonilo,** pero localizado en un carbono que no corresponda a un extremo de la cadena (en un carbono secundario); su estructura es:

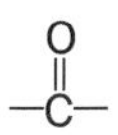

(–CO–)

Función ácido

El grupo funcional es el **grupo carboxilo,** que puede considerarse formado por un grupo hidroxilo y otro carbonilo localizados en el mismo carbono; su estructura es:

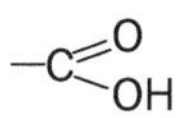

(–COOH)

El grupo carboxilo se puede localizar en uno o en ambos extremos de la cadena (en un carbono primario).

Estos compuestos presentan carácter ácido, son los denominados ácidos orgánicos o ácidos carboxílicos, pues en disolución acuosa se disocian produciendo iones H^+:

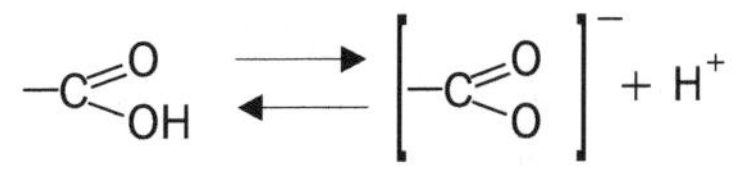

Estos ácidos son débiles debido a que el equilibrio de disociación se encuentra muy desplazado hacia la izquierda.

Función éster

Los ésteres son derivados de los ácidos carboxílicos por sustitución del hidrógeno del grupo carboxilo por un radical alquilo, por lo que responden a la estructura:

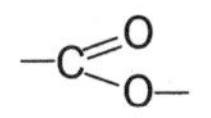

(–COO–)

A pesar de que estos compuestos se nombran como las sales, difieren profundamente de éstas, ya que el enlace entre el oxígeno y el radical es covalente.

Función éter

Los éteres son derivados de los alcoholes por sustitución del hidrógeno del grupo hidroxilo por un radical alquilo, por lo que responden a la estructura: –O–

2.2.2. Funciones orgánicas nitrogenadas

Las principales funciones orgánicas nitrogenadas son:

Función amina

Las aminas son derivados del amoniaco (NH_3) por sustitución de uno o varios de sus hidrógenos por otros tantos radicales alquilo. Según se sustituya uno, dos o los tres hidrógenos del amoniaco, las aminas pueden ser, primarias, secundarias o terciarias, respectivamente, por lo que el grupo funcional amina responde a una de las siguientes estructuras:

- Amina primaria: $-NH_2$
- Amina secundaria: $>NH$
- Amina terciaria: $\geq N$

■ Función nitrilo

El grupo funcional es el **grupo nitrilo**, $-C \equiv N$, por lo que sólo puede presentarse en uno o en ambos extremos de la cadena (en un carbono primario).

■ Función amida

El grupo funcional es el **grupo amida**, que puede considerarse formado por un grupo carbonilo (–CO–) y otro amina ($-NH_2$) en el mismo carbono; su estructura es:

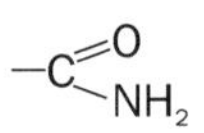

$(-CO-NH_2)$

Como se puede observar la función amida es una función orgánica oxigenada y nitrogenada al mismo tiempo, es decir, es una función orgánica oxinitrogenada.

2.3. Serie homóloga

Se denomina serie homóloga a un conjunto de compuestos ordenados en el que cada uno de ellos difiere de su inmediato anterior o posterior en una unidad repetitiva. La mayoría de las veces, esta unidad repetitiva es un grupo metileno ($-CH_2-$).

Ejemplo: los alcoholes CH_3OH, $CH_3{-}CH_2OH$, $CH_3{-}CH_2{-}CH_2OH$, $CH_3{-}CH_2{-}CH_2{-}CH_2OH$, ··· $CH_3{-}(CH_2)_nOH$, constituyen una serie homóloga.

3. Nomenclatura y formulación de los hidrocarburos y de algunos de sus derivados oxigenados y nitrogenados

3.1. Las fórmulas en la Química del Carbono

Normalmente en los compuestos inorgánicos una fórmula molecular corresponde a una única sustancia. Así, por ejemplo, la fórmula KNO_3 corresponde exclusivamente al compuesto denominado nitrato potásico.

En cambio, en los compuestos orgánicos esto no suele ser frecuente. Como veremos en el apartado 4 (Isomería), una misma fórmula puede corresponder a sustancias diferentes.

Distinguiremos tres tipos de fórmulas: moleculares, semidesarrolladas y desarrolladas o estructurales.

■ **Fórmulas moleculares**

Indican únicamente la clase y número de átomos que intervienen en la sustancia.

Ejemplos: C_3H_8; C_3H_8O; $C_2O_2H_4$

En general, el solo conocimiento de la fórmula molecular no determina la sustancia de la que se trata.

■ **Fórmulas semidesarrolladas**

Se hacen constar en ellas únicamente los enlaces entre carbonos, empleando convencionalmente la raya (–) para indicar un enlace simple; la doble raya (=) para un doble enlace y la triple raya (≡) para el enlace triple. Los demás átomos que intervienen en la fórmula se agrupan en el carbono que les corresponde.

Ejemplos:

etano:	CH_3–CH_3
eteno:	CH_2=CH_2
acetileno:	CH≡CH
acetona:	CH_3–CO–CH_3
etanol:	CH_3–CH_2OH
dicloroetano:	Cl_2CH–CH_3
ácido acético:	CH_3_COOH
ácido oxálico:	COOH–COOH

■ **Fórmulas desarrolladas o estructurales**

Se hace constar en ellas la totalidad de los enlaces existentes entre los carbonos y los demás elementos -o grupos atómicos- que intervienen en el compuesto.

Ejemplos:

ETANO 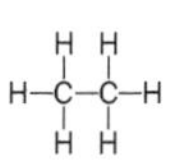

ACETILENO H–C≡C–H

ÁCIDO OXÁLICO 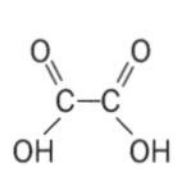

ÁCIDO ACÉTICO 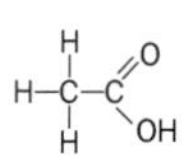

3.2. Nomenclatura y formulación de los hidrocarburos

Los **hidrocarburos** son compuestos constituidos únicamente por carbono e hidrógeno.

En función de que en la cadena presenten o no algún enlace doble o triple, los hidrocarburos se clasifican en **insaturados** y **saturados**, respectivamente.

3.2.1. Hidrocarburos saturados o alcanos

Son aquellos que presentan únicamente enlaces simples. En función del tipo de cadena, los hidrocarburos saturados se pueden clasificar, a su vez, en: de cadena lineal, ramificados y cíclicos.

Todos tienen como fórmula general C_nH_{2n+2}, donde n representa el número de átomos de carbono.

■ **Hidrocarburos saturados de cadena lineal**

Estos hidrocarburos están formados por una única cadena, abierta, de átomos de carbono unidos entre sí mediante enlaces simples. Se nombran añadiendo la terminación **«ano»** al prefijo que indica el número de átomos de carbono de la cadena (esquema 9.2).

Ejemplos:

Metano: CH_4
Etano: $CH_3 - CH_3$
Propano: $CH_3 - CH_2 - CH_3$
Butano: $CH_3 - CH_2 - CH_2 - CH_3$
Pentano: $CH_3 - CH_2 - CH_2 - CH_2 - CH_3$

En los ejemplos anteriores hemos escrito al lado del nombre de cada hidrocarburo su «fórmula semidesarrollada», pues estas fórmulas son las que normalmente se utilizan para representar los compuestos del carbono.

■ Hidrocarburos saturados ramificados

Están formados por una cadena principal, de la que parten radicales (ramificaciones).

Los radicales más frecuentes son los denominados «radicales alquilo», que proceden de un hidrocarburo saturado de cadena lineal, al perder un átomo de hidrógeno de uno de los extremos; estos radicales se nombran añadiendo la terminación **«ilo»** al prefijo que indica el número de átomos de carbono de la cadena.

Ejemplos:

Metilo: $-CH_3$
Etilo: $-CH_2-CH_3$
Propilo: $-CH_2-CH_2-CH_3$

Para nombrar los hidrocarburos ramificados, primero hay que identificar la cadena principal. Ésta, es la cadena lineal con más átomos de carbono que pueda recorrerse en la fórmula. Definida ésta, se numeran sus átomos de carbono con el fin de localizar mediante un número (localizador del radical) el carbono al que está unido cada radical.

Los carbonos de la cadena principal se numeran correlativamente comenzando por el extremo más próximo al radical, es decir, el localizador del radical debe ser lo más bajo posible.

Para nombrar estos hidrocarburos se nombra primeramente el radical o los radicales, cada uno precedido por su localizador, y a continuación se nombra la cadena principal. En el nombre de cada radical se omite la letra «o» de su final.

Ejemplo: el hidrocarburo de fórmula:

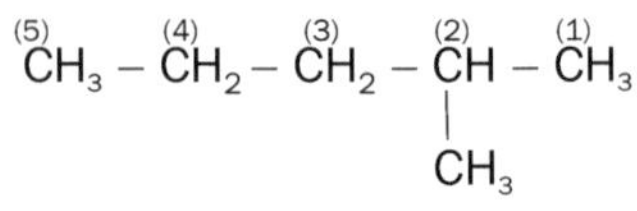

se nombra como: 2–metilpentano.

Debemos ser muy cuidadosos con las posibles formas de escribir una fórmula. Así, las fórmulas:

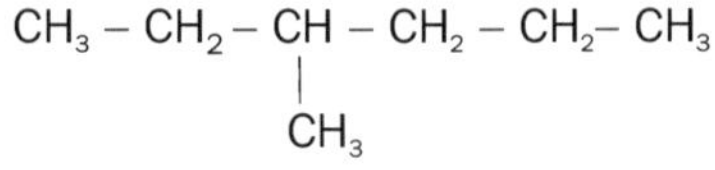

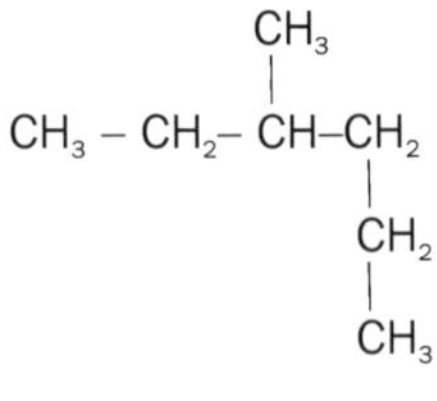

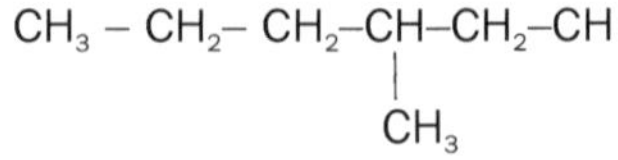

corresponden al mismo compuesto, el 3-metilhexano.

Del mismo modo, el compuesto:

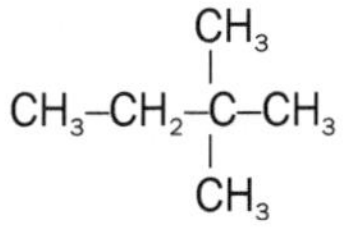

es el 2,2-dimetilbutano, ya que existen dos radicales metilo (dimetil), colocados ambos en el segundo carbono (2,2).

Si existen varios radicales, se ordenan alfabéticamente, sin tener en cuenta la posible existencia de prefijos como di, tri, etc.

El localizador se omite cuando no sea necesario especificarlo para formular correctamente el compuesto.

Ejemplos:

- Metilbutano:

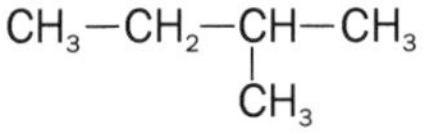

- Etilpentano:

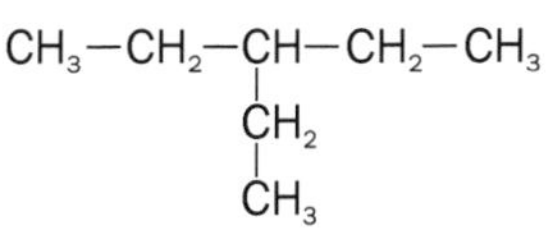

- Dimetilpropano:

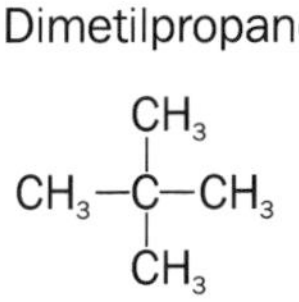

Hidrocarburos cíclicos saturados

Están formados por una cadena cerrada que puede llevar o no radicales. Se nombran anteponiendo el prefijo **«ciclo»** al nombre del hidrocarburo saturado correspondiente al número de átomos de carbono de la cadena cerrada.

Ejemplos:

- Ciclopentano:

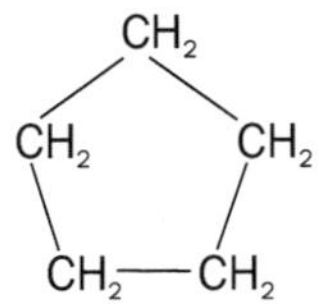

- Metilciclobutano:

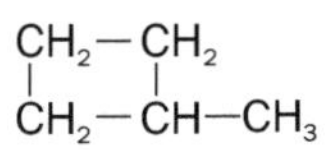

- 1,2–dimetilciclobutano:

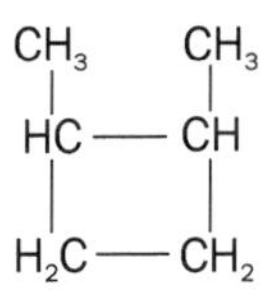

3.2.2. Hidrocarburos insaturados o no saturados

Son aquellos que presentan al menos un enlace doble o triple. En función de esto se distinguen tres tipos de hidrocarburos no saturados: con dobles enlaces, con triples enlaces y con dobles y triples enlaces.

Hidrocarburos con dobles enlaces o alquenos

Estos hidrocarburos se caracterizan por poseer, al menos, un doble enlace en la cadena principal. Se nombran sustituyendo la terminación «ano» del correspondiente hidrocarburo saturado, por la terminación **«eno»**. La posición del doble enlace se indica mediante el correspondiente localizador que, como siempre, se procura sea el número más bajo posible.

Siguiendo este criterio, el hidrocarburo:

$$CH_3{-}CH_2{-}CH_2{-}CH{=}CH_2$$

es el 1-penteno, ya que el doble enlace está situado entre el primer y el segundo átomo de carbono.

Si el hidrocarburo tiene ramificaciones, se considera cadena principal la cadena más larga que contenga al doble enlace. Por otra parte, debemos señalar que el doble enlace tiene prioridad sobre las cadenas laterales a la hora de situar los localizadores.

Es por ello que el compuesto:

$$\begin{array}{l} CH_3{-}CH_2{-}\underset{\displaystyle CH_3}{\underset{|}{CH}}{-}CH_2{-}CH_2{-}CH{=}CH{-}CH_3 \end{array}$$

se nombra como 6-metil 2-octeno.

Si existe más de un doble enlace, se indica con los prefijos di-, tri-, etc. De ese modo, el compuesto:

$$CH_3{-}CH{=}C{=}CH{-}CH_3$$

es el 2,3-pentadieno.

El localizador se omite cuando no sea necesaria su especificación.

Ejemplos:

- Eteno (nombre común, etileno): $CH_2 = CH_2$
- Propeno: $CH_2{=}CH{-}CH_3$
- Metilpropeno:

$$CH_2{=}\underset{\displaystyle CH_3}{\underset{|}{C}}{-}CH_3$$

■ Hidrocarburos con triples enlaces o alquinos

Estos hidrocarburos presentan, al menos, un triple enlace en la cadena principal. El criterio para nombrarlos es análogo en todo al seguido con los alquenos, pero se utiliza la terminación **«ino»**.

Ejemplos:

- Etino (nombre común acetileno): $CH \equiv CH$
- Propino: $CH \equiv C - CH_3$
- Metilbutino:

$$CH{\equiv}C{-}\underset{\displaystyle CH_3}{\underset{|}{CH}}{-}CH_3$$

- 2-butino: $CH_3{-}C{\equiv}C{-}CH_3$
- 1-butino: $CH{\equiv}C{-}CH_2{-}CH_3$

■ Hidrocarburos con dobles y triples enlaces

Se nombran de tal modo que los localizadores sean lo más bajo posible; sólo si coinciden los localizadores al numerar por ambos extremos se da preferencia a los dobles enlaces.

Ejemplos:

- 3-penten-1-ino: $CH{\equiv}C{-}CH{=}CH{-}CH_3$
- 1-buten-3-ino: $CH_2{=}CH{-}C{\equiv}CH$

3.3. Nomenclatura y formulación de algunos derivados oxigenados de los hidrocarburos

■ Alcoholes

Los alcoholes se nombran añadiendo la terminación «**ol**» al hidrocarburo de referencia. El localizador indica en este caso la posición del grupo alcohol.

Al fijar los localizadores, la función alcohol tiene preferencia sobre insaturaciones (enlaces dobles y triples) y radicales. Debe procurarse que se asigne el número más bajo posible al carbono unido al grupo OH.

Ejemplos:

Compuesto	Nombre
$CH_3-CH_2-CH_2OH$	1-propanol
$CH_3-CHOH-CH_2-CHOH-CH_3$	2,4-pentanodiol
$CH_3-CH_2-CH=CH-CH_2-CH_2OH$	3-hexen, 1-ol

■ Éteres

Hay dos formas de nombrar los éteres. La nomenclatura sustitutiva los considera derivados de los alcoholes, en los que el átomo de hidrógeno del grupo OH ha sido sustituido por un radical. El segundo método indica los radicales unidos al átomo de oxígeno, citándolos por órden alfabético.

Las dos formas en que podemos nombrar estos compuestos se muestran en los ejemplos que ofrecemos a continuación. En ellos, el nombre utilizado por la nomenclatura funcional aparece escrito entre paréntesis, debajo del utilizado por la nomenclatura sustitutiva.

Ejemplos:

Compuesto	Nombre
$CH_3-O-CH_2-CH_3$	etoximetano (etil metil éter)
$CH_3-CH_2-O-CH_2-CH_3$	etoxietano (dietil éter)

■ Aldehídos

Para nombrarlos se utiliza la terminación «**al**». No obstante, algunos de ellos reciben nombres comunes aceptados generalmente.

La colocación de localizadores comienza por el extremo que posee el grupo carbonilo, que tiene preferencia.

Si existe además el grupo alcohol, se considera como un sustituyente y se utiliza para nombrarlo el prefijo «**hidroxi**».

Ejemplos:

Compuesto	Nombre
$H-CHO$	metanal
$CH_2=CH-CH_2-CH_2-CH-CHO$ | CH_3	2-metil-5-hexenal
$CH_3-CH_2-CHOH-CHO$	2-hidroxibutanal o 2-butanol al

Cetonas

Se utiliza para nombrarlas la terminación **«ona»**. Al igual que ocurre con los aldehídos, el grupo carbonilo tiene preferencia a la hora de adjudicar los localizadores.

Ejemplos:

Compuesto	Nombre
$CH_3–CH_2–CO–CH_2–CH_2–CH_3$	3-hexanona
$CH_3–CH_2–CO–CH_2–CH–CH_3$ | CH_3	5-metil- 3-hexanona
$CH_2=CH–CO–CH_3$	3buten-2-ona

Ésteres

Se nombran como las sales, es decir, sustituyendo la terminación «ico» del ácido correspondiente por **«ato»** y nombrando a continuación el radical alquilo.

Ejemplos:

Compuesto	Nombre
$CH_3–COO–CH_2–CH_3$	etanoato de etilo (acetato de etilo)
$CH_2=CH–CH_2–COO–CH_3$	3-butenoato de metilo

Ácidos carboxílicos

Los ácidos carboxílicos se nombran anteponiendo la palabra ácido a la que resulta de añadir la terminación **«oico»** al nombre del hidrocarburo de referencia. No obstante, debe quedar claro que muchos de ellos tienen nombres tradicionales (en los ejemplos que mostramos aparecen escritos entre paréntesis los nombres tradicionales de algunos compuestos, además de sus nombres sistemáticos).

Los localizadores se asignan de modo que el grupo carboxilo tenga el número más bajo posible.

Ejemplos:

Compuesto	Nombre
H–COOH	ácido metanoico (ácido fórmico)
$CH_3–COOH$	ácido etanoico (ácido acético)
HCOO–COOH	ácido etanodioico (ácido oxálico)
$CH_3–CH=CH–COOH$	ácido 2-butenoico

3.4. Nomenclatura y formulación de algunos derivados nitrogenados de los hidrocarburos

Aminas

Las aminas se nombran añadiendo la terminación «**amina**» a los nombres de los radicales unidos al átomo de nitrógeno.

Ejemplos:

Compuesto	Nombre
$CH_3–NH_2$	metilamina
$CH_3–CH_2–NH_2$	etilamina
$CH_3CH_2–NH–CH_3$	etilmetilamina

Amidas

Se considera que derivan de la sustitución del grupo -OH en un radical ácido por el grupo $-NH_2$. Por tanto, para nombrar las amidas se sustituye en el nombre del ácido del que derivan la terminación «oico» por la terminación «**amida**» y se omite la palabra ácido.

Ejemplos:

Compuesto	Nombre
$CH_3-CO-NH_2$	etanamida (acetamida)
$CH_3-CH_2-CH_2-CH_2-CO-NH_2$	pentanamida
$CH_3-CO-NH-CH_3$	N-metiletanamida

Observa que en el tercer ejemplo hay un radical metilo unido al nitrógeno; por ello, al nombrar el compuesto hemos añadido el prefijo N-metil.

■ Nitrilos

Existen dos formas de nombrarlos; una de ellas utiliza la terminación «**nitrilo**», mientras que la otra los considera derivados del ácido cianhídrico (o cianuro de hidrógeno):

Ejemplos:

Compuesto	Nombre
$CH_3-C\equiv N$	etanonitrilo (cianuro de metilo)
$CH_3-CH_2-C\equiv N$	propanonitrilo (cianuro de etilo)
$CH_3-CH(CH_3)-CH_2-CH_2-C\equiv N$	4-metilpentanonitrilo

3.5. Orden de preferencia para la elección del grupo principal

En el supuesto de que en un compuesto exista más de un grupo funcional, el orden de preferencia de los localizadores es el siguiente:

1. Ácidos.
2. Ésteres.
3. Amidas.
4. Aldehídos.
5. Nitrilos.
6. Cetonas.
7. Alcoholes.
8. Aminas.
9. Éteres.

4. Isomería: concepto y clases

Es muy frecuente en Química Orgánica que varios compuestos que tengan la misma fórmula molecular presenten propiedades muy diferentes. Este hecho se conoce con el nombre de isomería.

Es lógico pensar que si dos compuestos son isómeros, la razón de presentar propiedades diferentes habrá que buscarla en una distinta unión de los átomos que componen sus moléculas; es decir, en diferencias en sus fórmulas estructurales.

Isómeros son aquellos compuestos de igual fórmula molecular y distinta fórmula estructural.

Existen distintas clases de isomerías, de las cuales estudiaremos a continuación las más destacables:

■ Isomería de cadena

El hecho de que el carbono pueda saturar sus enlaces formando cadenas lineales o ramificadas da origen a la existencia de este tipo de isómeros. Por tanto, las fórmulas estructurales se diferencian en la distinta posición de los átomos de carbono dentro de la cadena.

Ejemplo: el pentano, el metilbutano y el dimetil propano son isómeros de cadena.

■ Isomería de posición

La presentan aquellos compuestos que poseen la misma función química, pero sus fórmulas estructurales se diferencian en la localización del grupo funcional.

Ejemplo:

Son isómeros de posición el 1-propanol: CH_3–CH_2–CH_2OH y el 2-propanol: CH_3–CHOH–CH_3. Tanto el uno como el otro poseen la misma función (alcohol); pero el grupo funcional OH característico de los alcoholes se encuentra en distinto carbono.

■ Isomería de función

Los isómeros de este tipo poseen distinta función química, aunque se expresen con la misma fórmula molecular.

Ejemplo: el propanal (que es un aldehído) y la propanona (que es una cetona).

■ Isomería cis-trans o isomería geométrica

Es característica de los compuestos del carbono donde haya un doble enlace y en los cuales los sustituyentes de dos hidrógenos se sitúan próximos (cis) o en posiciones opuestas (trans):

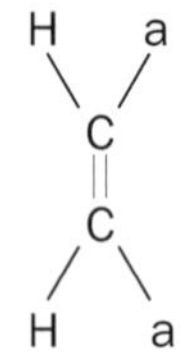

(forma cis)

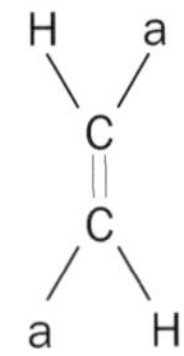

(forma trans)

Ejemplo: se conocen dos isómeros del ácido butenodioico: el ácido maleico (forma cis) y el ácido fumárico (forma trans) cuyas fórmulas estructurales son:

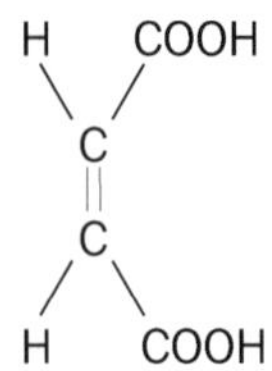

(ácido maleico)

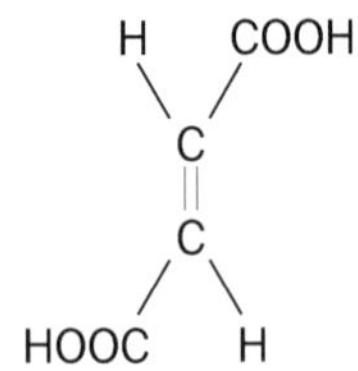

(ácido fumárico)

En general los isómeros trans tienen un punto de fusión más alto, mayor densidad y mayor estabilidad que los isómeros cis.

■ Isomería óptica

Es característica de aquellos compuestos orgánicos que poseen un carbono asimétrico, es decir, un átomo de carbono cuyas cuatro valencias están saturadas por átomos o grupos de átomos distintos.

Los isómeros ópticos presentan, en general, las mismas propiedades físicas y químicas, pero ofrecen la característica fundamental de poder desviar el plano de polarización de la luz polarizada. Una de las formas (dextrógira) lo desvía hacia la derecha y la otra forma (levógira), hacia la izquierda.

Ejemplo: El ácido láctico (ácido 2-propanol-oico) puede existir en dos formas:

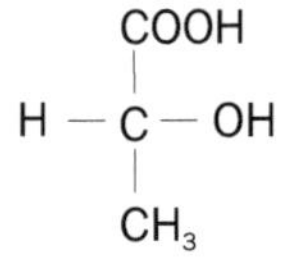

(forma levógira)

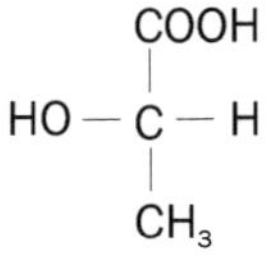

(forma dextrógira)

5. Hidrocarburos aromáticos: el benceno y sus derivados

Los hidrocarburos aromáticos comprenden una serie de compuestos de los cuales el principal es el benceno, de forma que el resto de tales compuestos pueden considerarse como derivados del núcleo bencénico mediante sustitución de algún hidrógeno por radicales alquílicos o por condensación de dichos núcleos.

5.1. El núcleo bencénico

El benceno es un compuesto orgánico constituido por carbono e hidrógeno. Es, por tanto, un hidrocarburo. El análisis cuantitativo de este compuesto nos indica que está constituido por seis átomos de carbono y seis átomos de hidrógeno. Es decir, su fórmula molecular es C_6H_6.

En principio podría pensarse que se trata de un hidrocarburo no saturado derivado del hexano, en el que existieran varios dobles o triples enlaces. Pero un estudio cuidadoso de las propiedades del benceno ha permitido afirmar que:

- Los seis átomos de carbono son equivalentes, puesto que los derivados monosustituidos son todos iguales sea cual fuere el carbono donde se produzca la sustitución.
- Origina con más facilidad derivados de sustitución que de adición, cosa que no ocurriría si existieran claramente dobles o triples enlaces.
- En los derivados bisustituidos solamente se obtienen tres isómeros diferentes, cosa que no ocurriría si fuese un hidrocarburo de cadena abierta.

Estos hechos nos han llevado a suponer que la única estructura posible para el benceno es la de un anillo hexagonal con un carbono y un hidrógeno en cada vértice, de modo que los seis carbonos estén equidistantes y sean equivalentes:

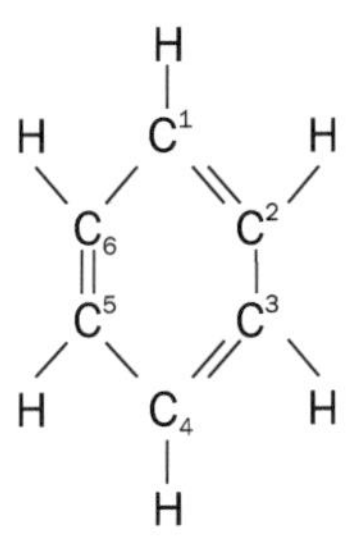

Se considera que los dobles enlaces presentes en esta molécula deben ofrecer características particulares y distintas a las de los dobles enlaces existentes en los hidrocarburos alifáticos, puesto que los hidrocarburos aromáticos dan con dificultad compuestos de adición.

También se dijo que si sustituyen dos hidrógenos por un sustituyente cualquiera (ejemplo: un halógeno) solamente se obtienen tres isómeros diferentes, según que el sustituyente ocupe los vértices del hexágono indicado con los números:

1-2 ó 1-6 (posición orto)
1-3 ó 1-5 (posición meta)
1-4 (posición para)

Para justificar que el derivado bisustituido 1-6 sea el mismo que el 1-2, y que el 1-3 sea el mismo que el 1-5, Kekulé supone que los enlaces dobles y sencillo están en continua oscilación. Esto es:

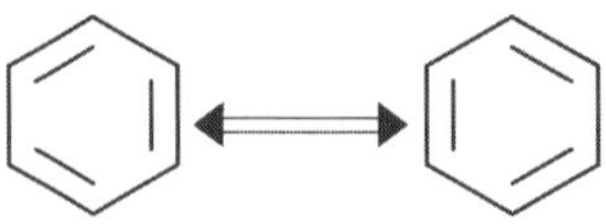

Estudios posteriores han ofrecido nuevas estructuras para el benceno, considerándose como posibles, además de las de Kekulé, las siguientes:

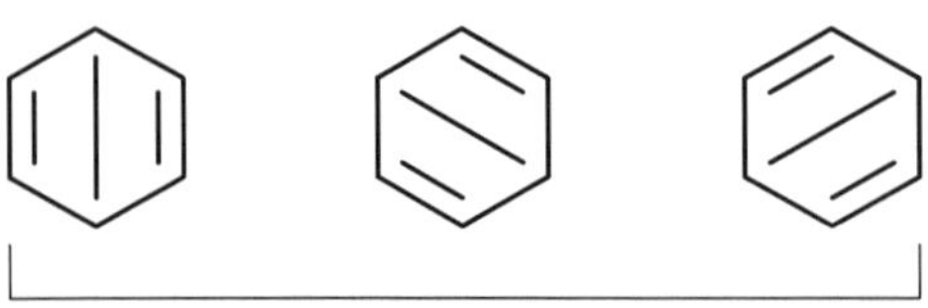

Formas de Dewar

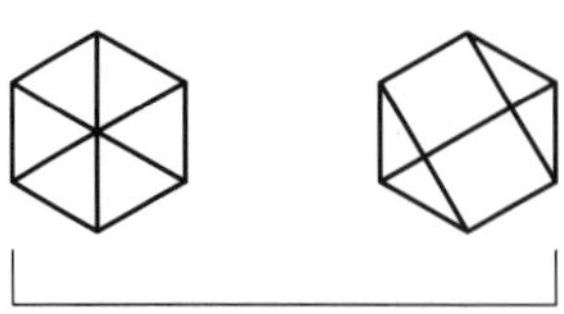

Formas de Claus

Actualmente se admite que la estructura del benceno es una estructura resonante entre las siete propuestas, teniendo una mayor influencia en dicha estructura las formas propuestas por Kekulé.

El modelo de orbitales atómicos ofrece una mejor explicación a la estructura y propiedades de la molécula de benceno: por una parte, la estabilidad de este compuesto se deriva de la existencia de enlaces sigma entre los carbonos del anillo y entre los carbonos e hidrógenos; por otra parte, la presencia de electrones causantes de enlaces pi da a la molécula de benceno su escasa capacidad para formar compuestos de adición.

De esta forma, cada átomo de carbono del anillo bencénico forma tres enlaces sigma, para los que utiliza tres orbitales híbridos sp^2 distribuidos en un plano y formando entre sí ángulos de 120°.

A cada átomo de carbono le queda un orbital p que no intervino en la hibridación. Estos orbitales, perpendiculares al plano de los orbitales sp^2 y paralelos entre sí, forman tres enlaces pi no localizados que originan una concentración (nube) electrónica por encima y por debajo del plano en que se encuentran los núcleos atómicos. Esta deslocalización de los electrones que constituye el fenómeno de resonancia es la causa de la gran energía del núcleo bencénico y de su gran estabilidad.

El anillo bencénico se suele representar mediante un hexágono con un círculo en su interior (que trata de representar los electrones pi deslocalizados):

5.2. Clasificación de los hidrocarburos aromáticos

Los hidrocarburos aromáticos pueden clasificarse en los tres grupos siguientes:

■ Hidrocarburos graso-aromáticos

Son los que poseen en su molécula un núcleo bencénico y uno o varios grupos alquílicos. Para nombrarlos consideraremos:

- Si son monosustituidos se nombran anteponiendo el nombre del radical alquílico a la palabra benceno, o anteponiendo la palabra fenil (el radical fenilo es el que resulta al eliminar un hidrógeno del benceno, $-C_6H_5$) al nombre del hidrocarburo alifático correspondiente. (Ejemplo: metilbenceno o fenilmetano).
- Si son bisustituidos, la posición de los sustituyentes debe indicarse con los prefijos orto, meta o para.

Ejemplos:

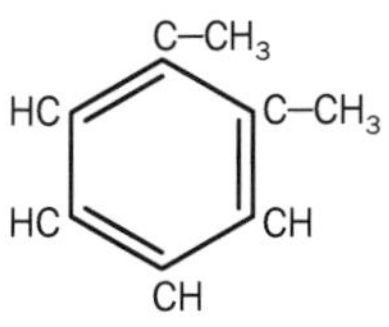

Ortodimetilbenceno

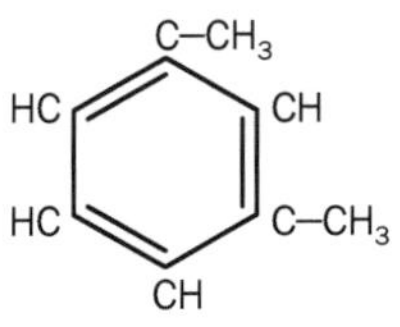

Metadimetilbenceno

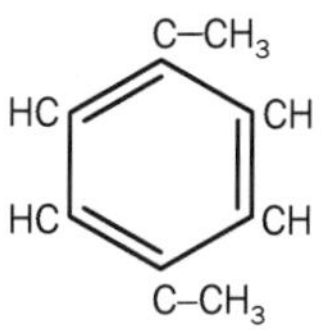

Paradimetilbenceno

Es interesante anotar desde ahora que los compuestos orgánicos suelen denominarse vulgar y comercialmente con nombres distintos a los empleados en rigurosa nomenclatura química. Así, por ejemplo, al metilbenceno se le denomina tolueno, a los dimetilbencenos, xilenos, al feniletileno, estireno, etc.

Se conocen muchos hidrocarburos que poseen varios anillos bencénicos que se suponen derivados de los hidrocarburos alifáticos al sustituir uno o varios hidrógenos del hidrocarburo alifático por radicales fenilo.

Ejemplo:

$C_6H_5-CH_2-C_6H_5$ (difenil metano)

■ Hidrocarburos con núcleos bencénicos condensados

Son aquellos que presentan varios núcleos hexagonales con algunos átomos de carbono comunes a dos anillos.

Ejemplos:

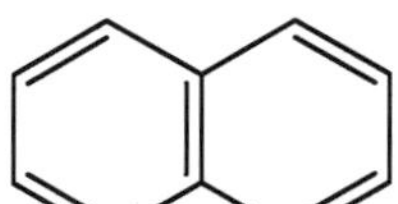

Naftaleno

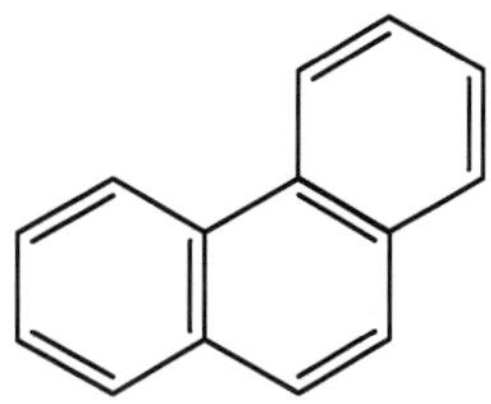

Fenantreno

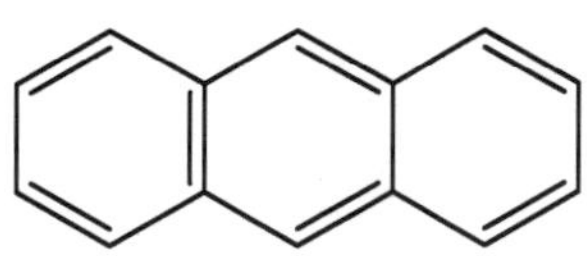

Antraceno

Hidrocarburos con núcleos bencénicos conjugados

En este tipo de hidrocarburos no hay átomos de carbono comunes. Pueden considerarse como derivados del benceno por sustitución de un hidrógeno por un radical fenilo.

Ejemplo:

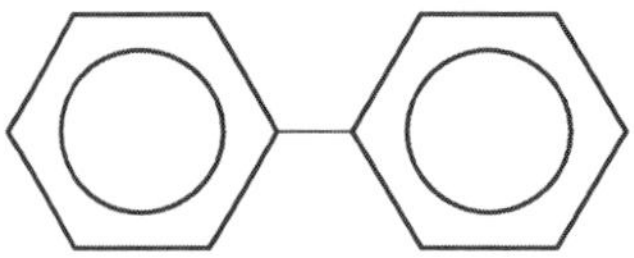

Difenilo

5.3. Otros derivados del benceno

La sustitución de un átomo de hidrógeno del benceno por un grupo funcional da lugar a un gran número de derivados del benceno; los ejemplos que mostramos a continuación corresponden a grupos funcionales estudiados en otro apartado de este tema.

Ejemplos:

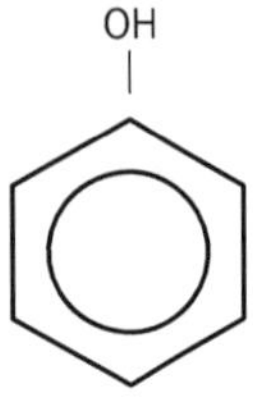

Fenol

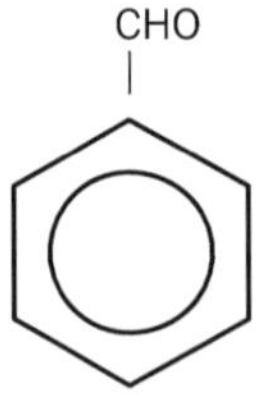

Benzaldehído o fenilmetanal

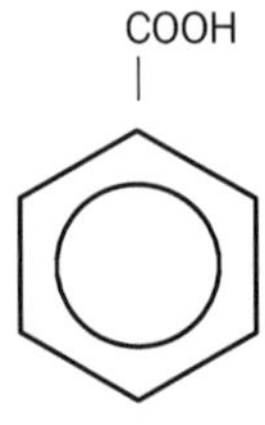

Ácido benzoico

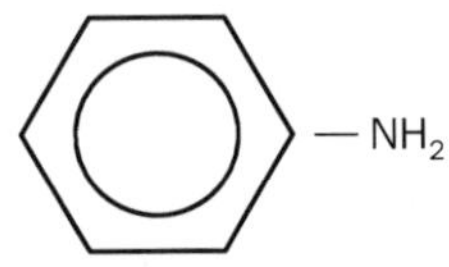

Fenilamina (anilina)

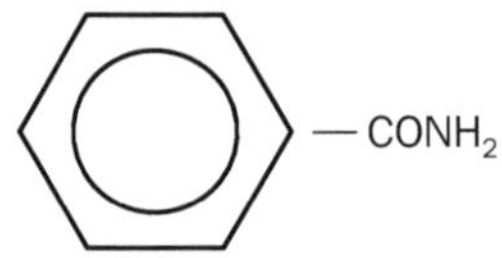

Fenilmetanamida o benzamida

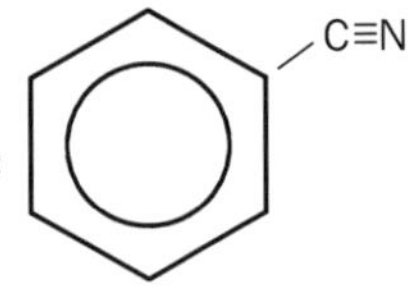

Benzonitrilo o cianuro de fenilo

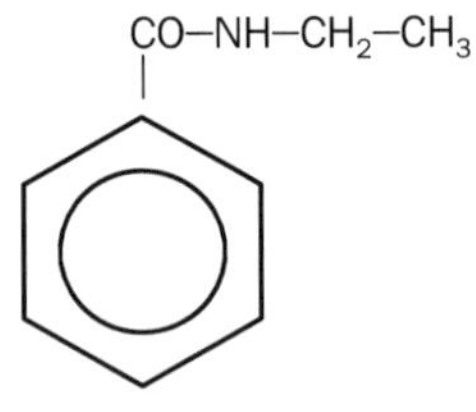

N-etilbenzamida

Igualmente se pueden sustituir dos o más hidrógenos del benceno por otros tantos grupos funcionales iguales o diferentes entre sí, teniendo en cuenta que para los derivados bisustituidos hay que indicar las posiciones orto (o), meta (m), o para (p).

Ejemplos:

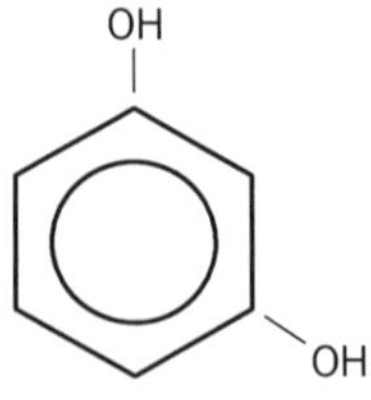

Metadifenol

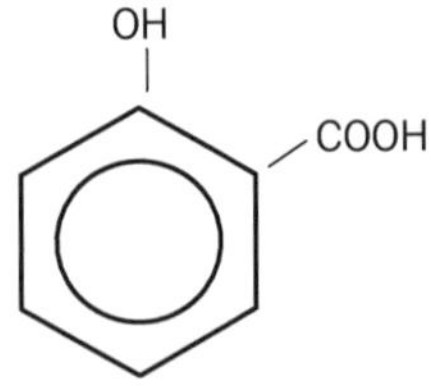

O-hidroxibenzoico o ácido salicílico

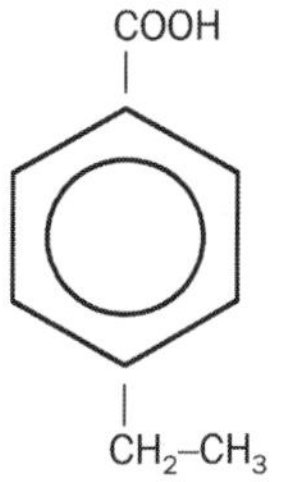

p-etilbenzoico

Así mismo, el fenilo puede presentarse como radical de un gran número de compuestos.

Ejemplos:

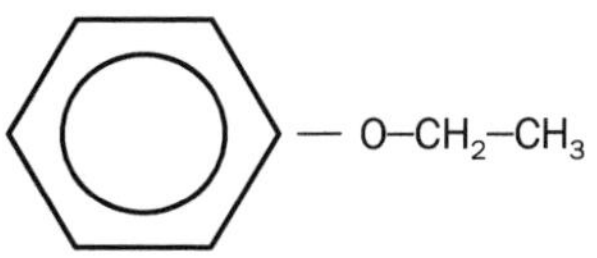

Etilfenil éter
o etoxibenceno

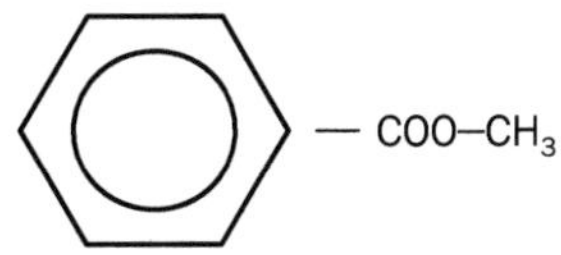

Benzoato
de metilo

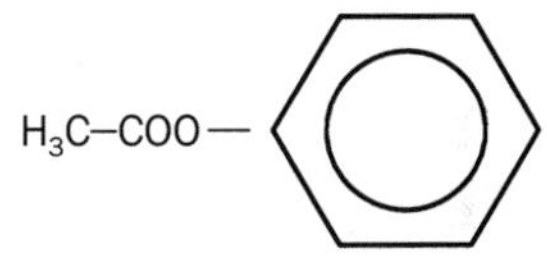

Etanoato
de fenilo

Apéndice

Nomenclatura y formulación en Química Inorgánica

1. Nomenclatura y formulación de las sustancias simples

Las sustancias simples están formadas por átomos de un solo elemento. Se nombran con el nombre del elemento que las constituyen.

Para formular las sustancias simples hay que tener en cuenta que son biatómicas (sus moléculas están constituidas por dos átomos del mismo elemento) las siguientes: hidrógeno, nitrógeno, oxígeno, flúor, cloro, bromo y yodo, cuyas fórmulas son: H_2, N_2, O_2, F_2, Cl_2, Br_2 y I_2, respectivamente.

Todas las demás sustancias simples se consideran monoatómicas (moléculas constituidas por un solo átomo) y su fórmula coincide con el símbolo químico del elemento que la constituye, Así, por ejemplo, «Fe» representa tanto al metal hierro como al elemento hierro.

Excepciones a la regla general dada anteriormente son las formas alotrópicas (un mismo elemento que presenta agrupaciones de distinto número de átomos). Un ejemplo lo constituye el «ozono», su fórmula es O_3, es decir, sus moléculas están formadas por tres átomos de oxígeno. El oxígeno (O_2) y el ozono (O_3) son sustancias simples diferentes, sus propiedades características son distintas, pues también lo son sus estructuras moleculares. Se dice que el ozono es una «variedad alotrópica» del oxígeno.

2. Nomenclatura y formulación de los compuestos

Antes de abordar la nomenclatura y la formulación de los compuestos inorgánicos es necesario conocer los conceptos y normas que estudiaremos a continuación.

2.1. Número de oxidación de los elementos en los compuestos

Cada elemento tiene una «capacidad de combinación» para unirse con otros elementos al formar los compuestos, que viene dada por uno o varios números enteros (positivos o negativos) sencillos, denominados valencias o números de oxidación.

En cada compuesto, la suma de los números de oxidación de los elementos que lo forman es cero; en esta suma, el número de oxidación de cada elemento hay que tomarlo tantas veces como indique el subíndice con que figura ese elemento en la fórmula del compuesto.

Ejemplo: en el ácido sulfúrico, cuya fórmula es H_2SO_4, los números de oxidación de los elementos que lo forman son: H, +1; S, +6; y O, –2

La suma es:

$$2 \cdot (+1) + (+6) + 4 \cdot (-2) = 0$$

La regla anterior es de gran utilidad para conocer el número de oxidación con que actúa un elemento en un compuesto, si se conocen los números de oxidación de los demás elementos que lo forman.

Ejemplo: determinar el número de oxidación del fósforo (P) en el compuesto de fórmula $H_4P_2O_5$, sabiendo que el número de oxidación del oxígeno es –2 y el del hidrógeno +1.

Para averiguarlo llamemos x al número de oxidación del fósforo y apliquemos la regla anterior:

$$4 \cdot (+1) + 2 \cdot x + 5 \cdot (-2) = 0 \Rightarrow$$
$$\Rightarrow 4 + 2x - 10 = 0 \Rightarrow x = +3$$

Luego el número de oxidación del fósforo en el compuesto es +3.

En la tabla que mostramos en el esquema 1 se recogen los números de oxidación más frecuentes de los elementos más usuales. En ella distinguimos elementos metálicos y no metálicos; los primeros se caracterizan, desde el punto de vista de los números de oxidación, porque éstos son positivos (uno o varios para cada elemento), mientras que los no metales, además de uno o varios números de oxidación positivos, tienen otro negativo.

METALES		NO METALES	
ELEMENTOS	**Nº de oxidación**	**ELEMENTOS**	**Nº de oxidación**
Hidrógeno (H), Litio (Li), Sodio (Na), Potasio (K), Plata (Ag)	+1	Hidrógeno (H), Flúor (F)	-1
Berilio (Be), Magnesio (Mg), Calcio (Ca), Bario (Ba), Cinc (Zn)	+2	Cloro (Cl), Bromo (Br), Yodo (I)	-1,+1, +3,+5, +7
Aluminio (Al)	+3	Oxígeno (O)	-2
Cobre (Cu), Mercurio (Hg)	+1,+2	Azufre (S), Selenio (Se), Teluro (Te)	-2,+2, +4,+6
Oro (Au)	+1,+3	Boro (B)	-3,+3
Cromo (Cr), Manganeso (Mn), Hierro (Fe), Cobalto (Co), Niquel (Ni)	+2,+3	Nitrógeno (N), Fósforo (P), Arsénico (As), Antimonio (Sb)	-3,+1, +3,+5
Estaño (Sn), Plomo (Pb), Platino (Pt)	+2,+4	Carbono (C), Silicio (Si)	-4,+4

ESQUEMA 1. *Números de oxidación de los elementos más usuales.*

2.2. Reglas generales sobre nomenclatura

Como se observa en el esquema 1, algunos elementos, tanto metálicos como no metálicos, presentan más de un número de oxidación positivo. Estos elementos, cuando se combinan con otro elemento determinado pueden dar lugar a compuestos distintos, en función del número de oxidación con el que actúen.

Con el fin de poder identificar el número de oxidación con el que actúa un elemento en un compuesto, el nombre de éste incluye una palabra formada por unos prefijos y terminaciones características que se añaden a la raíz del nombre del elemento correspondiente.

Para algunos elementos se utiliza la raíz de su nombre en latín. Estos elementos, y las raíces latinas de sus nombres son los que recogemos en el esquema 2.

En la tabla que mostramos en el esquema 3 se ofrecen los prefijos y terminaciones que usa la nomenclatura tradicional en función del número de valencias (números de oxidación) que presenta el elemento. Los distintos casos se ilustran mediante ejemplos.

ELEMENTO	RAÍZ	NOMBRE LATINO
Azufre	Sulf	Sulphurium
Cobre	Cupr	Cuprum
Hierro	Ferr	Ferrum
Oro	Aur	Aurum
Plata	Argent	Argentum
Plomo	Plumb	Plumbum

ESQUEMA 2. *Elementos en los que se utiliza la raíz de su nombre en latín.*

NORMAS			EJEMPLOS		
Tipo de elemento	Nº de oxidación	Prefijo y/o terminación	Elemento	Nº de oxidación	Palabra que indica el nombre del compuesto
Con un solo nº de oxidación positivo	El único que tiene	...ico	Sodio	+1	Sódico
Con dos n^os^ de oxidación positivos	El menor	...oso	Cobre	+1	Cuproso
	El mayor	...ico		+2	Cúprico
Con tres n^os^ de oxidación positivos	El menor	hipo...oso	Azufre	+2	Hiposulfuroso
	El intermedio	...oso		+4	Sulfuroso
	El mayor	...ico		+6	Sulfúrico
Con cuatro n^os^ de oxidación positivos	El menor	hipo...oso	Cloro	+1	Hipocloroso
	El siguiente	...oso		+3	Cloroso
	El siguiente	...ico		+5	Clórico
	El mayor	per...ico		+7	Perclórico

ESQUEMA 3. *Prefijos y terminaciones utilizados en función del número de valencias del elemento.*

2.3. Reglas para la formulación de los compuestos binarios

Compuestos binarios son aquellos que están formados por dos elementos diferentes. Para formularlos se escriben los símbolos de los dos elementos, uno a continuación del otro, y colocamos como subíndice del primero el número de oxidación (valencia) del segundo, y como subíndice del segundo el número de oxidación del primero (en los subíndices se prescinde de los signos de los números de oxidación); si los subíndices son divisibles por un mismo número, se simplifican dividiéndolos por él.

Ejemplo: supongamos un compuesto binario formado por un elemento X y otro Y, cuyos números de oxidación son +4 y –2, respectivamente, la fórmula del compuesto se obtiene escribiendo los símbolos y colocando los subíndices: X_2Y_4, como los subíndices (2 y 4) son divisibles por 2, los dividimos por este número, quedando 1 y 2 como subíndices simplificados, por lo que la fórmula del compuesto será: XY_2. (Si el subíndice es 1, se omite).

En cambio, si los números de oxidación de los elementos X e Y fuesen +3 y –2, respectivamente, la fórmula del compuesto sería X_2Y_3, ya que los subíndices (2 y 3) no se pueden simplificar (no son divisibles por un mismo número).

Al escribir los símbolos de los elementos hay que seguir la normativa de la IUPAC (Unión Internacional de Química Pura y Aplicada), que recomienda escribir a la izquierda el símbolo del elemento que actúa con número de oxidación positivo. Al nombrar los compuestos binarios, se nombra primero el elemento que actúa con número de oxidación negativo (el que se escribe a la derecha en la fórmula), a continuación se nombra el elemento que actúa con número de oxidación positivo (el que se escribe a la izquierda en la fórmula).

2.4. Formulación y nomenclatura de las principales funciones inorgánicas

Se denomina función química a un conjunto de compuestos de estructuras semejantes, que les confieren un comportamiento similar y determina en ellos algunas propiedades comunes. Son funciones inorgánicas los óxidos, los hidróxidos, los ácidos, las sales, etc.

A continuación abordaremos la formulación y nomenclatura de las principales funciones inorgánicas.

■ Óxidos

Los óxidos son compuestos binarios de un elemento con el oxígeno. El oxígeno actúa con número de oxidación –2, y el otro elemento lo hace con número de oxidación positivo (uno de ellos si tiene varios).

Para formular los óxidos se siguen las reglas generales de los compuestos binarios dadas anteriormente.

Para nombrar los óxidos se utilizan diversas nomenclaturas, entre ellas se encuentra la tradicional que, a pesar de que la IUPAC no recomienda su uso, sigue empleándose aún con bastante frecuencia.

- La **nomenclatura tradicional** considera en estos compuestos dos tipos de funciones: la **función anhídrido** y la **fun-**

ción óxido. Los anhídridos son aquellos que al combinarse con el agua originan ácidos (los llamados «oxoácidos»), mientras que los óxidos no. Generalmente, los anhídridos corresponden a los no metales y los óxidos a los metales.

Para nombrar los anhídridos se utiliza la palabra «anhídrido», seguida de la que resulta al añadir a la raíz del nombre del elemento (distinto del oxígeno) el prefijo y/o la terminación correspondiente al número de oxidación del mismo. Estos prefijos y terminaciones, así como las normas para su utilización se recogen en el esquema 3.

Para nombrar los óxidos se procede de igual forma, pero en lugar de la palabra «anhídrido» se emplea la palabra «óxido» (relativa al oxígeno).

Ejemplos:

- Anhídrido carbónico. El número de oxidación del oxígeno en estos compuestos es –2, como se dijo antes; consultando en la tabla del esquema 1, vemos que el número de oxidación positivo del carbono es +4. Aplicando las reglas de formulación de los compuestos binarios, escribimos primero el símbolo del carbono (C), a continuación el del oxígeno (O) y colocamos los subíndices (intercambiando los números de oxidación), con lo que queda C_2O_4; como los subíndices se pueden simplificar dividiéndolos entre dos, la fórmula del anhídrido carbónico es CO_2.
- Anhídrido hiposulfuroso. La raíz «sulfur» corresponde al azufre; los números de oxidación positivos de este elemento son +2, +4 y +6 (ver la tabla del esquema 1), el prefijo «hipo» y la terminación «oso» corresponde al número de oxidación menor, es decir, +2. Después de aplicar las reglas de formulación de los compuestos binarios, obtenemos la fórmula, SO, correspondiente a este anhídrido.
- Anhídrido bromoso. El bromo tiene cuatro números de oxidación positivos: +1, +3, +5 y +7; la terminación «oso» (sin ningún prefijo) indica que en este compuesto actúa con el segundo de ellos, es decir, con +3. Por lo que su fórmula resulta Br_2O_3.
- Anhídrido perclórico. El cloro tiene cuatro números de oxidación positivos: +1, +3, +5 y +7; el prefijo «per» y la terminación «ico» indican que actúa con el mayor de ellos, es decir, con +7. Por lo que la fórmula de este compuesto es Cl_2O_7.
- Óxido argéntico. La raíz «argent» corresponde a la plata. Como el único número de oxidación de la plata es +1, la fórmula correspondiente a este compuesto es Ag_2O. Este compuesto también se puede nombrar como «óxido de plata», pues como este elemento tiene un solo número de oxidación, no induce a error no utilizar las terminaciones características.
- Óxido férrico. La raíz «ferr» corresponde al hierro. Los números de oxidación de este elemento son +2 y +3; como la terminación «ico» indica que actúa con el mayor, es decir, con +3, la fórmula del compuesto es Fe_2O_3.
- Óxido plumboso. La raíz «plumb» corresponde al plomo cuyos números de oxidación son +2 y +4; la terminación «oso» indica que actúa con el menor, es decir, con +2. Luego, la fórmula del compuesto será PbO.

Para nombrar este tipo de compuestos (óxidos y anhídridos) es necesario identificar previamente el número de oxidación del elemento que se combina con el oxígeno. Este número se determina aplicando la regla, que ya conocemos, de que la «suma de los números de oxidación de los elementos que forman el compuesto es cero», y teniendo en cuenta que el número de oxidación del oxígeno es –2.

Ejemplos:

- Nombrar el compuesto de fórmula N_2O_5. Llamando x al número de oxidación del nitrógeno en este compuesto, y aplicando la regla que acabamos de mencionar:

  $2 \cdot x + 5 \cdot (-2) = 0 \Rightarrow$
  $\Rightarrow 2x - 10 = 0 \Rightarrow x = +5$

  Como el nitrógeno tiene tres números de oxidación positivos: +1, +3 y +5, y está actuando con el mayor de ellos, el nombre del compuesto es «anhídrido nítrico» (es un anhídrido porque el nitrógeno es un elemento no metálico).

- Nombrar el compuesto de fórmula SeO_2. Si llamamos x al número de oxidación del selenio en este compuesto:

  $x + 2 \cdot (-2) = 0 \Rightarrow x - 4 = 0 \Rightarrow \Rightarrow$
  $x = +4$

  Como el selenio tiene tres números de oxidación positivos: +2, +4 y +6, y actúa con el número intermedio, la fórmula dada corresponde al «anhídrido selenioso».

- Nombrar el compuesto de fórmula I_2O. Llamando x al número de oxidación del yodo en este compuesto:

  $2 \cdot x + (-2) = 0 \Rightarrow 2x - 2 = 0 \Rightarrow$
  $\Rightarrow x = +1$

  Como el yodo tiene cuatro número de oxidación positivos: +1, +3, +5 y +7, y está actuando con el menor de ellos, la fórmula dada corresponde al «anhídrido hipoyodoso».

- Nombrar el compuesto de fórmula Cr_2O_3. Llamando x al número de oxidación del cromo en este compuesto:

  $2 \cdot x + 3 \cdot (-2) = 0 \Rightarrow 2x - 6 = 0 \Rightarrow$
  $\Rightarrow x = +3$

  Como los números de oxidación del cromo son +2 y +3, y está actuando con el mayor, la fórmula dada corresponde al «óxido crómico» (se trata de un óxido porque el cromo es un metal).

- Nombrar el compuesto de fórmula CaO. Llamando x al número de oxidación del calcio:

  $x + (-2) = 0 \Rightarrow x - 2 = 0 \Rightarrow x = +2$

  Que corresponde al único número de oxidación de este metal, luego, el compuesto lo podemos nombrar como «óxido cálcico» u «óxido de calcio».

– La **nomenclatura de Stock** utiliza para nombrar estos compuestos (tanto para los anhídridos como para los óxidos de la nomenclatura tradicional), las palabras «óxido de» seguidas del nombre del elemento que se trate y de su número de oxidación, escrito éste entre paréntesis, con números romanos y prescindiendo del signo. Cuando el elemento sólo tiene un único número de oxidación se puede omitir éste:

  Ejemplos:

  - Óxido de hierro (III). El número entre paréntesis indica que el número de oxidación del hierro en este compuesto es +3, por consiguiente, la fórmula del mismo es Fe_2O_3.

- Óxido de azufre (IV). El número de oxidación del azufre en este compuesto es +4, aplicando las reglas de formulación de los compuestos binarios obtenemos la fórmula SO_2.

- Nombrar el compuesto de fórmula TeO_3. Llamando x al número de oxidación del teluro:

  $x + 3 \cdot (-2) = 0 \Rightarrow x - 6 = 0 \Rightarrow$
  $\Rightarrow x = +6$

  Luego, la fórmula dada corresponde al «óxido de teluro (VI)».

La nomenclatura de Stock, cuya utilización recomienda la IUPAC, se emplea preferentemente para nombrar a los denominados «óxidos» por la nomenclatura tradicional.

– La **nomenclatura estequiométrica** utiliza los prefijos «mono», «di», «tri», «tetra», «penta», «hexa», «hepta», etc., delante de la palabra óxido y del nombre del elemento para indicar los subíndices del oxígeno y del elemento. A los prefijos anteriores le corresponden los subíndices 1, 2, 3, 4, 5, 6, 7, etc., respectivamente. El prefijo «mono» delante del nombre del elemento se suele omitir.

Ejemplos:

- Pentaóxido de dicloro. El prefijo «penta» indica que el subíndice del oxígeno es 5 y el prefijo «di» que el del cloro es 2; luego la fórmula del compuesto es Cl_2O_5.

- Dióxido de carbono. El prefijo «di» indica que el subíndice del oxígeno es 2; como el carbono no lleva prefijo, su subíndice es 1. Luego la fórmula del compuesto dado es CO_2.

- Trióxido de azufre. El prefijo «tri» indica que el subíndice del oxígeno es 3; como el azufre no lleva prefijo, su subíndice es 1. Luego la fórmula del compuesto es SO_3.

- La fórmula Cu_2O corresponde al compuesto «monóxido de dicobre».

- La fórmula CO corresponde al «monóxido de carbono».

Esta nomenclatura, también recomendada por la IUPAC, se utiliza preferentemente para nombrar a los denominados «anhídridos» por la nomenclatura tradicional.

ADVERTENCIA: Algunos elementos también se combinan con el oxigeno actuando con números de oxidación distintos a los que figuran en la tabla del esquema 1, originando anhídridos u óxidos independientemente de que se trate de un metal o de un no metal. Entre estos compuestos los más importantes son los siguientes:

– NO, óxido de nitrógeno (II) u óxido nítrico. Número de oxidación del nitrógeno: +2.

– NO_2, dióxido de nitrógeno. Número de oxidación del nitrógeno: +4.

– N_2O_4, tetróxido de nitrógeno (no se pueden simplificar los subíndices). Número de oxidación del nitrógeno: +4.

– CO, monóxido de carbono. Número de oxidación del carbono: +2.

– MnO_3, anhídrido mangánico. Número de oxidación del manganeso: +6.

– Mn_2O_7, anhídrido permangánico. Número de oxidación del manganeso: +7.

– CrO_3, anhídrido crómico o trióxido de cromo. Número de oxidación del cromo: +6.

Peróxidos

Los peróxidos son compuestos binarios de un metal con el grupo funcional O_2 (ion peróxido, O_2^{2-}), denominado **grupo peroxo**; el número de oxidación del grupo funcional O_2 es -2, por lo que el oxígeno actúa en estos compuestos con número de oxidación -1.

Para formularlos se siguen las reglas de formulación de los compuestos binarios considerando al grupo O_2 como un elemento de número de oxidación -2, por lo que únicamente se pueden simplificar (dividiéndolo los subíndices por un mismo número) en los casos en que el número de oxidación del metal sea +2 o +4.

Para nombrarlos se siguen las mismas normas que para los óxidos en las tres nomenclaturas, pero la tradicional y la de Stock utilizan la palabra «peróxido» en vez de óxido.

Ejemplos:

- El compuesto que en la nomenclatura tradicional se llama peróxido cúprico (del latín cuprum = cobre) en la de Stock se llamaría peróxido de cobre (II); para formularlo escribimos primero el símbolo del cobre (Cu), a continuación el grupo O_2, que al colocar los subíndices (intercambiando los números de oxidación) quedará $Cu_2(O_2)_2$, que podemos simplificar los subíndices dividiéndolos entre dos, quedando finalmente CuO_2 como fórmula del compuesto. En la nomenclatura estequiométrica se nombraría: dióxido de cobre.
- El peróxido de hidrógeno (le corresponde este nombre tanto en la nomenclatura tradicional como en la de Stock) se formularía igualmente, obteniendo la fórmula H_2O_2 (no se puede simplificar ya que el número de oxidación del hidrógeno es +1). El nombre vulgar de este compuesto es «agua oxigenada».
- El compuesto de fórmula Cu_2O_2 se llama dióxido de dicobre en la nomenclatura estequiométrica; llamando x al número de oxidación del cobre y como el del oxígeno es -1: $2x + 2(-1) = 0$; $2x - 2 = 0$; $2x = 2$; $x = +1$; luego el compuesto se llamará peróxido cuproso en la nomenclatura tradicional y peróxido de cobre (I) en la de Stock.

Hidruros

Los hidruros son compuestos binarios del hidrógeno con otro elemento. Para formularlos se sigue la regla de formulación de los compuestos binarios que ya conocemos.

En función de que el elemento que se combina con el hidrógeno sea un metal o un no metal, se distinguen dos tipos de hidruros: hidruros metálicos e hidruros no metálicos, respectivamente.

- Los **hidruros metálicos** son combinaciones de un metal con el hidrógeno, que actúa con número de oxidación –1.

  Para nombrarlos se pueden utilizar distintas nomenclaturas (tradicional, de Stock y estequiométrica), siguiendo las mismas normas que para los óxidos, pero empleando la palabra «hidruro» en vez de «óxido». Así el compuesto de fórmula CuH_2 (número de oxidación del cobre +2) recibe los nombres: «hidruro cúprico», «hidruro de cobre (II)» y «dihidruro de cobre», en las nomenclaturas tradicional, de Stock y estequiométrica, respectivamente.

Ejemplos:

- Hidruro de calcio. Como el número de oxidación del calcio es +2, la fórmula del compuesto es CaH_2.
- Hidruro mangánico. Los números de oxidación del manganeso son +2 y +3; como la terminación «ico» indica que actúa con el mayor, es decir, con +3, la fórmula del compuesto es MnH_3.
- Hidruro de mercurio (II). El número de oxidación del mercurio es +2 (como indica el número escrito entre paréntesis), luego la fórmula del compuesto es HgH_2.
- Para nombrar el compuesto de fórmula SnH_4 hay que averiguar el número de oxidación del estaño en este compuesto. Llamando x a este número, y como el número de oxidación del hidrógeno es –1:

  $x + 4 \cdot (-1) = 0 \Rightarrow x - 4 = 0 \Rightarrow x = +4$

  Como los números de oxidación del estaño son +2 y +4, y actúa con el mayor, la fórmula dada corresponde al «hidruro estánnico» (nomenclatura tradicional), o «hidruro de estaño (IV)» (nomenclatura de Stock), o «tetrahidruro de estaño» (nomenclatura estequiométrica).

La nomenclatura preferentemente utilizada para nombrar los hidruros metálicos es la de Stock.

– Los **hidruros no metálicos** son combinaciones de un no metal con el hidrógeno. En estos compuestos el hidrógeno actúa con número de oxidación +1 y el no metal con su número de oxidación negativo.

Existen dos tipos de hidruros no metálicos de comportamientos diferentes, estos son:

- Los hidruros de los no metales: flúor, cloro, bromo, yodo, azufre, selenio y teluro, presentan carácter ácido al disolverlos en agua, son los denominados **hidrácidos**.

  La nomenclatura tradicional nombra los hidrácidos empleando la palabra «ácido» seguida de la raíz correspondiente al nombre del no metal terminada en «hídrico». Así, el compuesto de fórmula HCl se denomina «ácido clorhídrico».

  Estos compuestos también se pueden nombrar mediante la raíz correspondiente al no metal terminada en «uro», seguida de las palabras «de hidrógeno». Así, el compuesto anterior HCl, se denominaría «cloruro de hidrógeno». Esta nomenclatura, además de ser la recomendada por la IUPAC, es la que se utiliza con mayor frecuencia.

  Ejemplo:

  Ácido sulfhídrico o sulfuro de hidrógeno. Como el número de oxidación negativo del azufre es –2, la fórmula del compuesto es H_2S.

  En las fórmulas de estos compuestos el hidrógeno se escribe a la izquierda, pues es el que actúa con el número de oxidación positivo.

- Los hidruros de los no metales: nitrógeno, fósforo, arsénico, antimonio, carbono, silicio, boro y oxígeno no presentan carácter ácido al disolverlos en agua.

  Para nombrarlos se utilizan nombres tradicionales específicos para cada compuesto. Los más importantes son los siguientes:

Amoniaco: NH_3

Metano: CH_4

Agua: H_2O

El agua también se puede considerar como un óxido de hidrógeno.

Compuestos binarios no metal – metal

En los compuestos binarios entre un metal y un no metal, el no metal actúa con su número de oxidación negativo. Muchos de estos compuestos son sales que derivan de los hidrácidos (sales hidrácidas). Para formularlos se siguen las reglas de los compuestos binarios (recuérdese que al escribir la fórmula, el símbolo del metal se coloca a la izquierda, pues es el elemento que actúa con número de oxidación positivo).

Para nombrarlos, la nomenclatura tradicional emplea la raíz del nombre del no metal terminada en «uro» seguida de la raíz del nombre del metal con la terminación que corresponda al número de oxidación con el que actúe. Así, el compuesto de fórmula $CuBr_2$ (el cobre actúa con +2), se denomina «bromuro cúprico».

La nomenclatura de Stock emplea la raíz del nombre del no metal terminada en «uro» seguida de la palabra «de» y del nombre del metal, a continuación se expresa con números romanos y entre paréntesis el número de oxidación con el que actúa el metal cuando éste tiene varios números de oxidación (el signo se omite). Así, el compuesto anterior, $CuBr_2$, se denomina «bromuro de cobre (II)».

La nomenclatura de Stock es la que se utiliza preferentemente para nombrar este tipo de compuestos.

Ejemplos:

- Cloruro sódico o cloruro de sodio. Como el único número de oxidación que tiene el sodio es +1 y el cloro tiene como número de oxidación negativo –1, la fórmula del compuesto es NaCl.
- Sulfuro de hierro (III). El número de oxidación negativo del azufre es –2 , y el hierro actúa en este compuesto con +3 (como indica el número del paréntesis). Luego, la fórmula del compuesto es Fe_2S_3.

Compuestos binarios no metal-no metal

En los compuestos binarios entre un no metal y un no metal, uno actúa con número de oxidación positivo (el que se escribe a la izquierda en la fórmula y, por lo tanto, se nombra en segundo lugar), mientras que el otro lo hace con número de oxidación negativo.

Para nombrarlos, las nomenclaturas de Stock y estequiométrica utiliza el mismo procedimiento que para los compuestos binarios entre un no metal y un metal, teniendo en cuenta que el elemento que actúa con número de oxidación positivo desempeña el papel del metal.

La nomenclatura tradicional utiliza la raíz del nombre del elemento que actúa con número de oxidación negativo terminada en «uro», seguida de la palabra «de» y del nombre del otro elemento, cuando éste actúa con un número de oxidación de igual valor absoluto que su número de oxidación negativo; cuando actúa con otros números de oxidación emplea los prefijos «di», «tri», «tetra», etc., delante del nombre del elemento citado en primer lugar.

Ejemplos:

- Fluoruro de azufre: al no indicarnos el número de oxidación del azufre ni prefijos, el nombre está dado de forma tradicional, luego el número de oxidación del azufre es +2, por tanto la fórmula del compuesto es SF_2, al que corresponde los nombres de fluoruro de azufre (II) y difluoruro de azufre en las otras nomenclaturas.
- Nombrar el compuesto de fórmula P_2Se_5. El número de oxidación del selenio es -2 (ya que en la fórmula está escrito a la derecha y por tanto es el que actúa con número de oxidación negativo), llamando x al número de oxidación del fósforo, tenemos:

  $2x + 5(-2) = 0; 2x - 10 = 0; 2x = 10; x = +5$

  Luego el nombre del compuesto es pentaseleniuro de fósforo en la nomenclatura tradicional, seleniuro de fósforo (V) en la de Stock, y pentaseleniuro de difósforo en la estequiométrica.

Hidróxidos

Los hidróxidos son combinaciones de un metal con el grupo funcional OH (ion hidróxido, OH^-), denominado **grupo hidróxido**, que actúa con número de oxidación −1.

Para formular los hidróxidos podemos seguir las reglas de los compuestos binarios, si consideramos el grupo OH como si fuera un solo elemento (lógicamente estos compuestos no son binarios, sino ternarios).

Para nombrarlos se pueden utilizar las nomenclaturas tradicional, de Stock y estequiométrica, siguiendo las mismas normas que para los óxidos (o para los hidruros metálicos), pero utilizando la palabra «hidróxido» en lugar de la palabra «óxido» (o «hidruro»). Así, por ejemplo, el compuesto de fórmula $Fe(OH)_2$ (el hierro actúa con +2) se nombra como «hidróxido ferroso» en la nomenclatura tradicional, «hidróxido de hierro (II)» en la de Stock, y «dihidróxido de hierro» en la estequiométrica.

La nomenclatura más empleada para los hidróxidos es la de Stock.

Ejemplos:

- Hidróxido sódico o hidróxido de sodio. Como el sodio sólo tiene un único número de oxidación, +1, la fórmula del compuesto es NaOH.
- Hidróxido de cromo (III). El cromo actúa con número de oxidación +3, como indica el número escrito entre paréntesis. Luego la fórmula del compuesto es $Cr(OH)_3$.

Oxoácidos

Los oxoácidos u «oxácidos» son ácidos que se diferencian de los hidrácidos por ser compuestos ternarios formados por hidrógeno, oxígeno y un no metal, generalmente.

Los oxoácidos derivan de los denominados anhídridos de la nomenclatura tradicional, pues se originan cuando éstos se combinan con el agua.

Para nombrarlos se utiliza, casi exclusivamente, la nomenclatura tradicional, aunque no es la recomendada por la IUPAC. En esta nomenclatura, los oxácidos se nombran de igual forma que los anhídridos de los que derivan, pero empleando la palabra «ácido» en lugar de la palabra «anhídrido», y en algunos casos, se añade a la segunda palabra del nombre determinados prefijos como: «meta», «orto», «piro», «di», etc., no empleados en los anhídridos.

– Cuando en el nombre del ácido no aparece ninguno de los prefijos aludidos anteriormente, para obtener la fórmula se procede de la siguiente manera: en primer lugar se escribe la fórmula del anhídrido del mismo nombre, es decir, del anhídrido que resulta al sustituir la palabra «ácido» por «anhídrido». Después, a la fórmula de este anhídrido se le añade una molécula de agua, el resultado se escribe en el siguiente orden (de izquierda a derecha): el símbolo del hidrógeno con subíndice 2 (de los dos hidrógenos de la molécula de agua), el símbolo del no metal con el subíndice con el que figuraba en el anhídrido, y el símbolo del oxígeno con subíndice una unidad más (del oxígeno de la molécula de agua) del que tenía en el anhídrido. Por último, si los tres subíndices obtenidos son divisibles entre un mismo número, se simplifican dividiéndolos por él.

Ejemplos:

- Ácido perclórico. En primer lugar escribimos la fórmula del anhídrido perclórico, ésta es Cl_2O_7, y le añadimos una molécula de agua:

  $$Cl_2O_7 + H_2O \longrightarrow H_2Cl_2O_8$$

  Como los tres subíndices obtenidos (2, 2, y 8) son divisibles por 2, los simplificamos dividiéndolos entre 2, con lo que queda: $HClO_4$, que es la fórmula del compuesto dado.

- Ácido sulfúrico. En primer lugar escribimos la fórmula del anhídrido sulfúrico, ésta es SO_3, y le añadimos una molécula de agua:

  $$SO_3 + H_2O \longrightarrow H_2SO_4$$

  Como los tres subíndices obtenidos (2, 1 y 4) no son divisibles por un mismo número, no se pueden simplificar, y la fórmula del compuesto es H_2SO_4.

Para poder nombrar los oxoácidos a partir de sus fórmulas, es necesario conocer el número de oxidación con el que actúa el no metal; para ello aplicamos la regla de que la suma de los números de oxidación de los elementos que forman el compuesto es cero, teniendo en cuenta que los números de oxidación con los que actúan el hidrógeno y el oxígeno son +1 y –2, respectivamente.

Ejemplo:

- Nombrar el compuesto de fórmula HIO_2. Llamando x al número de oxidación con que actúa el yodo y teniendo en cuenta que el hidrógeno lo hace con +1 y el oxígeno con –2:

  $$(+1) + x + 2 \cdot (-2) = 0 \Rightarrow$$

  $$\Rightarrow 1 + x - 4 = 0 \Rightarrow x = +3$$

  Como los números de oxidación del yodo son +1, +3, +5 y +7, y está actuando con el segundo, en orden creciente, la fórmula dada corresponde al «ácido yodoso».

- Cuando aparece el prefijo «**meta**» se procede de la misma manera, sin tener en cuenta este prefijo.

  Ejemplo:

  Ácido metasilícico: escribimos la fórmula del anhídrido silícico SiO_2, le añadimos agua:

  $SiO_2 + H_2O \longrightarrow H_2SiO_3$

  Como los subíndices no son divisibles por un mismo número, no se puede simplificar, luego la fórmula del ácido metasilícico es H_2SiO_3.

- Cuando aparece el prefijo «**orto**», se formula el ácido como si no llevase el prefijo y a la fórmula obtenida se le añade otra molécula de agua. (Excepciones a esta regla son el ácido ortoperyódico y el ácido ortotelúrico, aunque son dos compuestos muy poco usuales).

  Ejemplo:

  - Acido ortobórico: escribimos la fórmula del anhídrido bórico B_2O_3, le añadimos agua:

    $B_2O_3 + H_2O \longrightarrow H_2B_2O_4$

    Simplificando queda HBO_2, como lleva el prefijo «orto» volvemos a añadir otra molécula de agua:

    $HBO_2 + H_2O \longrightarrow H_3BO_3$

    Luego la fórmula del ácido ortobórico es H_3BO_3.

  No**ta**:

  En los ácidos que originan los elementos fósforo, arsénico y antimonio; suele omitirse el prefijo «orto»; este hecho hay que tenerlo en cuenta cuando se formulen dichos ácidos, así por ejemplo, el ácido fosfórico es en realidad el ácido ortofosfórico.

- Cuando aparecen los prefijos «**piro**» o «**di**», se formula primero el ácido que no lleva estos prefijos y a continuación se toman dos moléculas de este ácido y se le resta una molécula de agua.

  Ejemplo:

  Ácido dicrómico: primero formulamos el ácido crómico; la fórmula del anhídrido crómico es CrO_3, le añadimos agua:

  $CrO_3 + H_2O \longrightarrow H_2CrO_4$

  Tomamos dos moléculas de ácido crómico (H_2CrO_4) y le restamos una molécula de agua:

  $2(H_2CrO_4) - H_2O \longrightarrow H_2Cr_2O_7$

  Luego la fórmula del ácido dicrómico es $H_2Cr_2O_7$.

  Aquí también hay que tener presente lo dicho anteriormente para los ácidos que originan los elementos fósforo, arsénico y antimonio; por ejemplo: para formular el ácido pirofosfórico, primero formulamos el ácido fosfórico (ortofosfórico); la fórmula del anhídrido fosfórico es P_2O_5, le añadimos agua:

  $P_2O_5 + H_2O \longrightarrow H_2P_2O_6$

  Simplificamos: HPO_3, como es un ácido orto, le añadimos otra molécula de agua:

  $HPO_3 + H_2O \longrightarrow H_3PO_4$

  Tomamos dos moléculas de ácido fosfórico (ortofosfórico) y le restamos una molécula de agua:

  $2(H_3PO_4) - H_2O \longrightarrow H_4P_2O_7$

  Luego la fórmula del ácido pirofosfórico (también llamado ácido difosfórico) es $H_4P_2O_7$.

Sales

Las sales son compuestos que derivan de los ácidos, al sustituir en éstos hidrógeno por un metal.

En función de que se sustituyan todos los hidrógenos del ácido o no, se distinguen dos tipos de sales: sales neutras y sales ácidas, respectivamente.

– Sales neutras

La nomenclatura tradicional nombra estos compuestos a partir del nombre del ácido del que derivan; en él se suprime la palabra «ácido», se cambia la terminación «oso» o «ico» por la terminación «ito» o «ato», respectivamente, y a continuación se escribe la raíz del nombre del metal (que sustituye al hidrógeno) con la terminación que corresponda al número de oxidación con el que actúa.

Para formular una sal neutra se escribe primero la fórmula del ácido del que deriva; a continuación se suprimen los hidrógenos de dicha fórmula, quedando un grupo de elementos cuyo número de oxidación (del grupo) es negativo y su valor absoluto coincide con el número de hidrógenos suprimidos; por último, se formula la sal como si fuera un compuesto binario entre el metal y el grupo de elementos obtenido, es decir, consideraremos el grupo como si fuera un solo elemento. El símbolo del metal se escribe siempre a la izquierda.

Ejemplos:

- Sulfito cúprico. Deriva del ácido sulfuroso, cuya fórmula es H_2SO_3; suprimimos los hidrógenos, quedando el grupo SO_3, cuyo número de oxidación es –2 (se han suprimido dos hidrógenos). Por último, formulamos el compuesto «binario» entre este grupo y el cobre que actúa con +2 (como indica la terminación «ico»), con lo que queda: $Cu_2(SO_3)_2$. Como los subíndices del cobre y del grupo son divisibles por dos, simplificamos, quedando finalmente: $CuSO_3$. Este compuesto también se puede nombrar como «sulfito de cobre (II)» (mezcla entre las nomenclaturas tradicional y de Stock).
- Fosfato de cromo (II) o fosfato cromoso. Deriva del ácido fosfórico (recuérdese que en realidad se trata del ácido ortofosfórico), cuya fórmula es H_3PO_4; si suprimimos los hidrógenos queda el grupo PO_4, cuyo número de oxidación es –3 (se han suprimido tres hidrógenos). Por último, formulamos el compuesto «binario» entre este grupo y el cromo que actúa con +2, por lo que queda: $Cr_3(PO_4)_2$, cuyos subíndices (3 y 2) no se pueden simplificar por no ser divisibles por un mismo número.
- Dicromato de aluminio. Deriva del ácido dicrómico cuya fórmula es $H_2Cr_2O_7$; al suprimir los hidrógenos queda el grupo Cr_2O_7 cuyo número de oxidación es -2. Formularemos el compuesto binario entre este grupo y el aluminio (número de oxidación +3): $Al_2(Cr_2O_7)_3$, como los subíndices del aluminio y del grupo (2 y 3) no son divisibles por un mismo número, no podemos simplificarlos.

– Sales ácidas

Son aquellas en las que todos los hidrógenos no son sustituidos por un metal, sino solamente algunos de ellos. Por tanto, las sales ácidas solamente pueden derivar de aquellos ácidos en los que el subíndice del hidrógeno es igual o mayor que dos.

La nomenclatura tradicional nombra las sales ácidas anteponiendo el prefijo «bi» delante de la primera palabra que llevaría el nombre de la sal neutra correspondiente, o intercalando la palabra «ácido» en dicho nombre. Sin embargo, la IUPAC no acepta esta forma de nombrar las sales ácidas, por ello, hoy día la nomenclatura tradicional utiliza para nombrarlas los prefijos «monohidrógeno», «dihidrógeno», «trihidrógeno», etc., delante del nombre de la sal neutra correspondiente, en función del número de hidrógenos que quedan aún sin sustituir. El prefijo «mono» se suele suprimir cuando el subíndice del hidrógeno en el ácido del que deriva la sal sea dos (se suprime sólo el prefijo «mono» quedando únicamente el prefijo «hidrógeno»).

Para formularlas se utiliza el mismo método que para formular las sales neutras, pero hay que tener en cuenta que no se suprimen todos los hidrógenos.

Ejemplos:

- Hidrogenocarbonato de sodio. Deriva del ácido carbónico, cuya fórmula es H_2CO_3; suprimimos un hidrógeno solamente (pues se trata de una sal ácida), quedando el grupo HCO_3, cuyo número de oxidación es –1 (se ha suprimido un hidrógeno). Por último, formulamos el compuesto «binario» entre este grupo y el sodio que actúa con +1 (es el único número de oxidación que tiene), por lo que queda: $NaHCO_3$. Este compuesto se denominaba antiguamente «bicarbonato sódico» o «carbonato ácido de sodio».
- Monohidrogenofosfato de cobre (II). Deriva del ácido fosfórico (en realidad se denomina ácido ortofosfórico, como ya sabemos), cuya fórmula es H_3PO_4; suprimimos en ella dos hidrógenos, ya que el prefijo «monohidrógeno» indica que ha de quedar un solo hidrógeno, quedando el grupo HPO_4, cuyo número de oxidación es –2 (se han suprimido dos hidrógenos). Por último, formulamos el compuesto «binario» entre este grupo y el cobre que actúa con +2 (como indica el número escrito entre paréntesis), por lo que queda: $Cu_2(HPO_4)_2$, simplificando los subíndices obtenemos finalmente: $CuHPO_4$.
- Dihidrogenofosfato de calcio. Deriva del ácido fosfórico (ácido ortofosfórico), cuya fórmula es H_3PO_4; suprimimos en ella un hidrógeno, ya que el prefijo «dihidrógeno» indica que han de quedar dos hidrógenos, quedando el grupo H_2PO_4 cuyo número de oxidación es –1 (se ha suprimido un solo hidrógeno). Por último, formulamos el compuesto «binario» formado por este grupo y el calcio que actúa con +2 (es el único número de oxidación que tiene), quedando: $Ca(H_2PO_4)_2$.

Las sales ácidas también pueden derivar de los hidrácidos cuando éstos presentan dos hidrógenos y sustituyen uno de ellos por un metal. Estas sales ácidas se nombran como los compuestos binarios entre un no metal y un metal, pero anteponiendo el prefijo «hidrógeno».

Ejemplo: si en el ácido sulfhídrico o sulfuro de hidrógeno, cuya fórmula es H_2S, sustituimos un hidrógeno por cobre, actuando éste con número de oxidación +2, la sal ácida que resulta tendrá como fórmula: $Cu(HS)_2$ que se nombra como «hidrogenosulfuro cúprico» (nomenclatura tradicional), o «hidrogenosulfuro de cobre (II)» (sistemática de Stock).

■ Iones

Se denominan iones a los átomos o grupos de átomos que presentan carga eléctrica debido a un defecto o a un exceso de electrones. Si el átomo o el grupo de átomos presentan un defecto de electrones, el ion manifiesta carga eléctrica positiva y se le denomina **catión**; mientras que si presenta un exceso de electrones, su carga eléctrica es negativa y se le denomina **anión**.

En la fórmula de un ion se representa el elemento o elementos que lo forman mediante sus símbolos, con los respectivos subíndices que indican el número de átomos de cada elemento que forma el ion; el número de electrones en defecto o en exceso que presenta el átomo o grupo de átomos se representa mediante un superíndice, formado por dicho número seguido del signo + (carga positiva o defecto de electrones), o el signo – (carga negativa o exceso de electrones); cuando el número de electrones en defecto o exceso es uno se omite dicho número.

Ejemplos:

- La fórmula S^{2-} representa que el ion está formado por un átomo de azufre, y presenta carga eléctrica negativa (es un anión) por tener dos electrones en exceso.
- La fórmula NH_4^+ representa que el ion está formado por un átomo de nitrógeno y cuatro átomos de hidrógeno, y presenta carga eléctrica positiva (es un catión) por tener un defecto de un electrón.

La suma de los números de oxidación de los átomos que forman el ion coincide con el superíndice, o lo que es lo mismo, el superíndice representa el número de oxidación del ion. Así en los ejemplos anteriores:

- S^{2-}: número de oxidación del azufre –2, igual al número de oxidación del ion.
- NH_4^+ : como los números de oxidación del nitrógeno y del hidrógeno son respectivamente –3 y +1, tenemos: $-3 + 4(+1) = -3 + 4 = +1$; el número de oxidación del ion es +1.

A) **Cationes**

– Los cationes monoatómicos provienen de la pérdida de electrones por un átomo de un metal.

Se nombran anteponiendo la palabra «ion» o «catión» al nombre del metal, si éste tiene un único número de oxidación; si el metal presenta dos números de oxidación, la nomenclatura tradicional utiliza las terminaciones «oso» e «ico» para indicar que actúa respectivamente con el menor y con el mayor, mientras que la nomenclatura de Stock indica el número de oxidación con el que actúa escribiéndolo en números romanos entre paréntesis.

Así por ejemplo los cationes H^+ y Ca^{2+} se nombran respectivamente, «ion hidrógeno» e «ion calcio» tanto en la nomenclatura tradicional como en la de Stock; los cationes Fe^{2+} y Fe^{3+} se nombran respectivamente, «ion ferroso» e «ion férrico» en la nomenclatura tradicional, (estos nombres no son aceptados por la IUPAC) mientras que en la de Stock se nombran: «ion hierro (II)» e «ion hierro (III)» respectivamente.

– Algunos cationes poliatómicos resultan de la unión de un hidruro no metálico con el catión hidrógeno. Estos cationes se nombran utilizando la terminación «onio».

El catión que resulta de la unión del amoniaco (NH_3) con el catión hidrógeno (H^+), tiene por fórmula NH_4^+ y se nombra «ion amonio».

El catión que resulta de la unión del sulfuro de hidrógeno o ácido sulfhídrico (H_2S) con el catión hidrógeno (H^+), tiene por fórmula H_3S^+ y se nombra «ion sulfonio»; igualmente los cationes H_3O^+, H_2Cl^+, etc. se nombran respectivamente, «ion oxonio», (también llamado ion hidronio o ion hidroxonio) «ion cloronio», etc.

Una característica a tener en cuenta de estos cationes poliatómicos, es que pueden originar compuestos típicos de los metales, como hidróxidos, o sustituir a los hidrógenos en los ácidos al originar sales neutras o ácidas.

Ejemplos:

- El hidróxido de amonio: combinación del ion amonio NH_4^+ (número de oxidación +1) con el grupo funcional OH (número de oxidación −1), tiene como fórmula NH_4OH.
- El nitrato amónico: sal neutra que deriva de la sustitución del hidrógeno del ácido nítrico (HNO_3) por el ion amonio, se formula: NH_4NO_3.
- El monohidrogenofosfato de amonio: sal ácida que deriva de la sustitución de dos hidrógenos del ácido fosfórico (H_3PO_4) por el ion amonio, tiene por fórmula $(NH_4)_2HPO_4$.

Los ejemplos anteriores están referidos al amonio por ser éste el catión más usual en estos compuestos; otros cationes poliatómicos también pueden constituir estos tipos de compuestos.

B) **Aniones**

- Los aniones monoatómicos provienen de la captura de electrones por un átomo de un no metal, el número de electrones captados coincide con el número de oxidación negativo del no metal. Se nombran anteponiendo la palabra «ion» o «anión» a la raíz del nombre del no metal y añadiendo a ésta la terminación «uro». Así por ejemplo, los aniones H^-, Cl^-, S^{2-}, N^{3-} y P^{3-}, etc. se nombran respectivamente, «ion hidruro», «ion cloruro», «ion sulfuro», «ion nitruro», «ion fosfuro», etc.
- Los aniones poliatómicos provienen de moléculas que pierden uno o varios cationes hidrógeno (H^+); así los aniones OH^-, «ion hidróxido», y O_2^{2-} «ion peróxido», proviene del agua (H_2O) y del peróxido de hidrógeno (H_2O_2) cuando sus moléculas pierden uno y dos cationes hidrógenos respectivamente.

La mayoría de los aniones poliatómicos proceden de los ácidos, al perder estos todos o algunos de sus hidrógenos. Para nombrarlos se utiliza el término «ion» o «anión» seguido de la primera palabra con la que se nombraría la sal neutra o ácida (según el caso) que se formaría al unirse a un catión.

Ejemplos:

- El ácido perclórico, $HClO_4$, al perder el hidrógeno da lugar al ion perclorato, ClO_4^-.
- El ácido sulfuroso, H_2SO_3, al perder los dos hidrógenos queda SO_3^{2-}, ion sulfito; pero si sólo pierde un hidrógeno queda HSO_3^-, ion hidrogenosulfito (antiguamente ion bisulfito).
- El ácido pirofosfórico, $H_4P_2O_7$, al perder los cuatro hidrógenos queda $P_2O_7^{4-}$, ion pirofosfato; si pierde tres hidrógenos queda $HP_2O_7^{3-}$, ion monohidrógenopirofosfato; si pierde dos hidrógenos queda $H_2P_2O_7^{2-}$, ion dihidrogenopirofosfato, etc.

EJERCICIOS

1. **Formular los siguientes compuestos:**

   1. Hidróxido de aluminio
   2. Óxido de cromo (III)
   3. Carbonato de amonio
   4. Ácido selenhídrico
   5. Anhídrido sulfúrico
   6. Ion manganeso (II)
   7. Ácido yódico
   8. Cloro
   9. Hidrogenosulfato cúprico
   10. Agua
   11. Ácido ortosilícico
   12. Tetraóxido de dinitrógeno
   13. Fosfato de hierro (II)
   14. Óxido de litio
   15. Ion fluoruro
   16. Hidróxido de cromo (II)
   17. Seleniuro cúprico
   18. Ácido cloroso
   19. Hidrogenosulfito de plomo (IV)
   20. Anhídrido yodoso
   21. Trihidruro de boro
   22. Cloruro de azufre
   23. Monóxido de carbono
   24. Ácido permangánico
   25. Nitrito férrico
   26. Amoniaco
   27. Ion cúprico
   28. Hidróxido de amonio
   29. Óxido plumboso
   30. Ácido hipoyodoso
   31. Peróxido férrico
   32. Ácido mangánico
   33. Fosfato cúprico
   34. Ácido hipoteluroso
   35. Ion sulfonio
   36. Hipobromito de aluminio
   37. Hidruro de cinc
   38. Hidrogenocarbonato de sodio
   39. Ácido sulfuroso
   40. Ion diseleniato
   41. Óxido ferroso
   42. Cloruro de manganeso (II)
   43. Permanganato potásico
   44. Dihidrogenofosfato de magnesio
   45. Ion hipoclorito
   46. Ácido fosfórico
   47. Ion nitruro
   48. Óxido mercurioso
   49. Silicato de cobre (I)
   50. Hidruro niquélico
   51. Peróxido de cromo (II)
   52. Ácido nitroso
   53. Cloruro de amonio
   54. Oxígeno
   55. Metano

56. Trihidróxido de cobalto
57. Ácido diselénico
58. Arsenito de manganeso (II)
59. Ion auroso
60. Ácido bromhídrico
61. Carburo de calcio
62. Fosfato de aluminio
63. Ácido metasilícico
64. Ion amonio
65. Hidrogenodisulfato de potasio
66. Hidruro de hierro (III)
67. Dinitruro de tricromo
68. Nitrógeno
69. Diseleniato de magnesio
70. Ion monohidrogenofosfato
71. Óxido de cobre (I)
72. Telururo de hidrógeno
73. Permanganato de amonio
74. Óxido de cobalto (II)
75. Disulfito de cromo (III)
76. Heptafluoruro de yodo
77. Ion fosfato
78. Monohidrogenopirofosfato de plata
79. Silicio
80. Dihidruro de manganeso
81. Ácido pirosulfuroso
82. Fluoruro de hidrógeno
83. Dióxido de disodio
84. Monohidrogenofosfato de cobre (I)
85. Ion disulfito
86. Ion plomo (IV)
87. Sulfuro de nitrógeno (III)
88. Óxido de manganeso (III)
89. Hidrogenoseleniuro de bario
90. Anhídrido clórico
91. Ion hidrogenohiposelenito
92. Metafosfato de berilio
93. Ácido fluorhídrico
94. Hidróxido plumboso
95. Ion seleniuro
96. Dihidrogenoarsenito de litio
97. Óxido de nitrógeno (II)
98. Peróxido de magnesio
99. Ion hidrogenosulfuro
100. Ácido metaarsenioso

2. **Nombrar los siguientes compuestos:**

1. As_2Se_5
2. I_2O_7
3. $HBrO_4$
4. PtO_2
5. $Co(OH)_2$
6. $Mn(IO)_2$
7. H_2TeO_3
8. HgO_2
9. Ni_2Si
10. $Fe(HSO_4)_3$
11. H_2Te

12. P_2O_3
13. FeH_2
14. I_2
15. BaO_2
16. $Zn(OH)_2$
17. HI
18. ZnO
19. NCl_3
20. O_3
21. AgH
22. $Zn_3(PO_4)_2$
23. Li_2O_2
24. KOH
25. H_3AsO_4
26. $Ba(H_2AsO_3)_2$
27. Cl_2O
28. H_2CrO_4
29. SiC
30. CaF_2

3. **Nombrar los siguientes iones:**
   1. Ni^{3+}
   2. Br^-
   3. NH_4^+
   4. $H_2AsO_3^-$
   5. BrO_2^-
   6. Te^{2-}
   7. Hg^+
   8. H^-
   9. $Cr_2O_7^{2-}$
   10. P^{3-}

SOLUCIÓN A LOS EJERCICIOS

1.

1. $Al(OH)_3$
2. Cr_2O_3
3. $(NH_4)_2CO_3$
4. H_2Se
5. SO_3
6. Mn^{2+}
7. HIO_3
8. Cl_2
9. $Cu(HSO_4)_2$
10. H_2O
11. H_4SiO_4
12. N_2O_4
13. $Fe_3(PO_4)_2$
14. Li_2O
15. F^-
16. $Cr(OH)_2$
17. $CuSe$
18. $HClO_2$
19. $Pb(HSO_3)_4$
20. I_2O_3
21. BH_3
22. SCl_2
23. CO
24. $HMnO_4$
25. $Fe(NO_2)_3$
26. NH_3
27. Cu^{2+}
28. NH_4OH
29. PbO
30. HIO
31. Fe_2O_6
32. H_2MnO_4
33. $Cu_3(PO_4)_2$
34. H_2TeO_2
35. H_3S^+
36. $Al(BrO)_3$
37. ZnH_2
38. $NaHCO_3$
39. H_2SO_3
40. $Se_2O_7^{2-}$
41. FeO
42. $MnCl_2$
43. $KMnO_4$
44. $Mg(H_2PO_4)_2$
45. ClO^-
46. H_3PO_4
47. N^{3-}
48. Hg_2O
49. Cu_2SiO_3
50. NiH_3
51. CrO_2
52. HNO_2
53. NH_4Cl
54. O_2
55. CH_4

56. $Co(OH)_3$
57. $H_2Se_2O_7$
58. $Mn_3(AsO_3)_2$
59. Au^+
60. HBr
61. Ca_2C
62. $AlPO_4$
63. H_2SiO_3
64. NH_4^+
65. KHS_2O_7
66. FeH_3
67. Cr_3N_2
68. N_2
69. $MgSe_2O_7$
70. HPO_4^{2-}
71. Cu_2O
72. H_2Te
73. NH_4MnO_4
74. CoO
75. $Cr_2(S_2O_5)_3$
76. IF_7
77. PO_4^{3-}
78. $Ag_3HP_2O_7$
79. Si
80. MnH_2
81. $H_2S_2O_5$
82. HF
83. Na_2O_2
84. Cu_2HPO_4
85. $S_2O_5^{2-}$
86. Pb^{4+}
87. N_2S_3
88. Mn_2O_3
89. $Ba(HSe)_2$
90. Cl_2O_5
91. $HSeO_2^-$
92. $Be(PO_3)_2$
93. HF
94. $Pb(OH)_2$
95. Se^{2-}
96. LiH_2AsO_3
97. NO
98. MgO_2
99. HS^-
100. $HAsO_2$

2.

1. Pentaseleniuro de arsénico, seleniuro de arsénico (V), pentaseleniuro de diarsénico
2. Anhídrido peryódico, óxido de yodo (VII), heptaóxido de diyodo
3. Ácido perbrómico
4. Óxido platínico, óxido de platino (IV), dióxido de platino
5. Hidróxido cobaltoso, hidróxido de cobalto (II), dihidróxido de cobalto
6. Hipoyodito manganoso o hipoyodito de manganeso (II)

7. Ácido teluroso
8. Peróxido mercúrico, peróxido de mercurio (II), dióxido de mercurio
9. Siliciuro niqueloso, siliciuro de níquel (II), siliciuro de diníquel
10. Hidrogenosulfato férrico o hidrogenosulfato de hierro (III)
11. Ácido telurhídrico o telururo de hidrógeno
12. Anhídrido fosforoso, óxido de fosforo (III), trióxido de difósforo
13. Hidruro ferroso, hidruro de hierro (II), dihidruro de hierro
14. Yodo
15. Peróxido de bario, dióxido de bario
16. Hidróxido de cinc, dihidróxido de cinc
17. Ácido yodhídrico o yoduro de hidrógeno
18. Óxido de cinc
19. Cloruro de nitrógeno, cloruro de nitrógeno (III), tricloruro de nitrógeno
20. Ozono
21. Hidruro de plata
22. Fosfato de cinc u ortofosfato de cinc
23. Peróxido de litio, dióxido de dilitio
24. Hidróxido de potasio
25. Ácido arsénico o ácido ortoarsénico
26. Dihidrogenoarsenito de bario
27. Anhídrido hipocloroso, óxido de cloro (I), óxido de dicloro
28. Ácido crómico
29. Carburo de silicio
30. Fluoruro de calcio

3.

1. Ion niquélico, ion níquel (III)
2. Ion bromuro

3. Ion amonio
4. Ion dihidrogenoarsenito
5. Ion bromito
6. Ion telururo
7. Ion mercurioso, ion mercurio (I)
8. Ion hidruro
9. Ion dicromato
10. Ion fosfuro